SITZUNGSBERICHTE DER SÄCHSISCHEN AKADEMIE
DER WISSENSCHAFTEN ZU LEIPZIG

Mathematisch-naturwissenschaftliche Klasse
Band 117 · Heft 4

ARND BERNHARDT · KLAUS-DIETER JÄGER
KARL MANNSFELD · INGE HARTSCH

BEITRÄGE ZUM PROBLEMKREIS DES LANDSCHAFTSWANDELS

mit 3 Abbildungen und 5 Tabellen

AKADEMIE-VERLAG · BERLIN

1985

Vorgelegt in der Sitzung am 7. Mai 1983
Manuskript eingereicht am 7. Mai 1983
Druckfertig erklärt am 22. Oktober 1985

Erschienen im Akademie-Verlag Berlin, DDR - 1086 Berlin, Leipziger Straße 3—4

Lizenznummer: 202 · 100/548/85
Printed in the German Democratic Republic
Gesamtherstellung: VEB Druckhaus „Maxim Gorki", 7400 Altenburg
LSV 1375
Bestellnummer: 763 335 8 (2027/117/4)

01400

SITZUNGSBERICHTE DER SÄCHSISCHEN AKADEMIE DER WISSENSCHAFTEN ZU LEIPZIG

BAND 117

MATHEMATISCH-NATURWISSENSCHAFTLICHE KLASSE

AKADEMIE-VERLAG BERLIN

1984—1985

Lizenznummer: 202 · 100/548/85
Satz und Druck: VEB Druckhaus „Maxim Gorki“,
DDR - 7400 Altenburg
Printed in the German Democratic Republic

INHALT

Heft 1 *Dörter, Klaus:*. Einige Aspekte zum landeskulturellen Nutzen des Meliorationswesens. 1984. 31 S., 10 Abb., 11 Tab.

Heft 2 *Beckert, Herbert:* Nichtlineare Elastizitätstheorie. 1984. 58 S.

Heft 3 *Jordan, Herbert:* Zur funktionellen Normalität des Menschen. 1984. 29 S., 15 Abb., 1 Tab.

Heft 4 *Bernhardt, Arnd / Klaus-Dieter Jäger / Karl Mannsfeld / Inge Hartsch:* Beiträge zum Problemkreis des Landschaftswandels. 1985. 101 S., 3 Abb., 5 Tab.

Heft 5 *Keller, Ott-Heinrich:* Das Zählen als angeborene Verhaltensweise. 1984. 36 S., 11 Abb.

Heft 6 *Buchheim, Wolfgang:* Komplementarität nach Niels Bohr — physikgeschichtliche Episode oder universale Kategorie von Ergänzung? 1984. 30 S., 3 Tab.

Heft 7 *Parthier, Benno:* Gene, Gentechnik, Genmanipulation. 1984. 28 S., 7 Abb.

BEITRÄGE ZUM PROBLEMKREIS DES LANDSCHAFTSWANDELS

Prof. Dr. Ernst Neef† zum 75. Geburtstag

ZUR GESELLSCHAFTLICHEN EINFLUSSNAHME AUF DEN LANDSCHAFTSWANDEL IN MITTELEUROPA IN VERGANGENHEIT UND GEGENWART

Arnd Bernhardt und Klaus-Dieter Jäger

Inhalt

1. Vorwort

Die gesellschaftliche Einflußnahme auf Zustand und Dynamik der Landschaft geht stets von Art und Ausmaß der Flächennutzung und -beanspruchung aus. Sie ist infolgedessen immer eng mit den Bedürfnissen der Gesellschaft, mit dem Arbeitsprozeß und mit dem Entwicklungsstand der Produktivkräfte verbunden. Bedürfnisse, Arbeitsproduktivität und technische Möglichkeiten haben in der Gegenwart ein Niveau erreicht, das in der bisherigen Geschichte der Menschheit ohne Beispiel ist. Folglich hat auch die gesellschaftliche Einwirkung auf die Landschaft und ihre natürliche Ausstattung einen bisher einmaligen Umfang angenommen. Dies gilt jedoch nicht nur für diejenigen Einwirkungen auf Zustand und Dynamik der natürlichen Landschaftsausstattung, die im Interesse der Gesellschaft liegen und von ihr beabsichtigt sind. Vielmehr werden umweltwirksame Aktivitäten von Nebenwirkungen begleitet. Deren gegenwärtiges Ausmaß bildet den Kern der Problematik von Umweltbelastung in der Gegenwart sowie von Umweltschutz und Umweltgestaltung für die Zukunft.

Die „Analyse und Prognose von Nebenwirkungen gesellschaftlicher Aktivitäten im Naturraum" (NEEF u. a. 1979) ist so zu einer unentbehrlichen Voraussetzung für die Beherrschung und planmäßige Behandlung von Problemen geworden, die für die Arbeits- und Lebensbedingungen des Menschen in Gegenwart und Zukunft eine kaum zu überschätzende Bedeutung erlangt haben (STOKLASA 1982). Ihre Schwierigkeit besteht darin, daß Wechselwirkungen zwischen zwei äußerst komplexen Systemen mit unterschiedlicher Kausalität zu untersuchen sind. Ihre Gemeinsamkeit ist ihr Wirkungsfeld — die Landschaft. So ist vor allem die geographische Forschung, in deren Reihen in den letzten Jahren viel über aktuelle Aufgaben und Konzepte diskutiert worden ist (vgl. z. B. NEEF 1977a), vor Forderungen gestellt, die ihr eigentlich niemand abnehmen kann.

Es war ERNST NEEF, der in dieser Problematik nicht nur eine zentrale Aufgabe für die von ihm jahrzehntelang vertretene Fachdisziplin erkannt hat, sondern dieselbe zu seinem persönlichen Anliegen machte, indem er diesem Fragenkreis Aufsätze (NEEF, 1959, 1974, 1976, 1977b), systematische Analysen (NEEF u. a. 1979) und letztlich sogar ein Handbuch (NEEF u. a. 1977) widmete. Er hat dabei immer wieder den vielfältigen interdisziplinären Verflechtungen der Problematik besondere Beachtung zugewandt. Nicht zuletzt hat er es verstanden, seine Mitarbeiter für dieses Aufgabenfeld zu aktivieren und letztlich zu Mitstreitern zu machen.

Noch ist es verfrüht, die vielfältigen Nebenwirkungen gesellschaftlicher Aktivitäten in der Landschaft monographisch abzuhandeln. Andererseits haben in den letzten Jahren aktuelle Fallstudien (BERNHARDT 1979; BERNHARDT & JÄGER 1981; HARTSCH im vorliegenden Heft) ebenso zu dem erforderlichen Erkenntnisgewinn beigetragen wie der Versuch, die Zeugnisse naturräumlicher Nebenwirkungen gesellschaftlicher Tätigkeit aus zurückliegenden Jahrhunderten und Jahrtausenden systematisch zu untersuchen, die nicht nur ihre Spuren in der gegenwärtigen mitteleuropäischen Kulturlandschaft hinterlassen haben, sondern noch immer deren Zustand, Dynamik, Nutzbarkeit und Belastbarkeit maßgeblich beeinflussen (JÄGER 1982). Für die Untersuchung eines hochaktuellen Fragenkreises sind damit nicht nur neue Bausteine gewonnen. Durch historisch-geographische Fragestellungen werden Zusammenhänge sichtbar, die bisher weitgehend verdeckt waren.

2. Befunde

2.1. Der natürlich induzierte Landschaftswandel

Der natürlich induzierte Landschaftswandel muß zur Allgemeininformation in einem kurzen Überblick der Hauptthematik vorangestellt werden. Wie Tabelle 1 zeigt, haben natürliche Impulse eines Landschaftswandels zwei Dimensionen hinsichtlich des Zeitraumes ihres Ablaufes und hinsichtlich ihrer räumlichen Ausdehnung. Sie lassen sich differenzieren in:

1. Langzeitig (Jahrhunderte bis Jahrmillionen) andauernde Vorgänge, die allmähliche ablaufende Veränderungen induzieren und ihn ihrer räumlichen Dimension globalen Charakter haben oder zumindest ein bis mehrere Landschaftsgürtel umfassen, bzw. azonal von gleicher Dimension sind (z. B. Orogenesen).

2. Kurzzeitig (Sekunden bis wenige Jahre) ablaufende Vorgänge, die spontane Veränderungen auslösen, welche in ihrer räumlichen Dimension begrenzt sind, d. h. lineare (Küsten, Flußläufe) oder flächige Dimension (Orkanbahnen, Vulkanexplosionen, Heuschreckenzüge) in der Größenordnung von wenigen Landschaften haben. Es handelt sich um Vorgänge, die meistens als Naturkatastrophen bezeichnet werden. Die betroffenen Gebiete bedürfen in der Regel eines längeren Zeitraumes, bis die Schäden überwunden sind und sich entweder das alte oder ein neues Gleichgewicht einstellt.

Während die langzeitig ablaufenden natürlich induzierten Landschaftsveränderungen wegen ihrer Langfristigkeit die menschliche Gesellschaft gewöhnlich nicht oder höchstens unwesentlich beeinflussen, sind die sogenannten Naturkatastrophen für einzelne Staaten oder Teilgebiete von Staaten von hoher Relevanz, wobei ihre Tragweite mit wachsender Bevölkerungsdichte und der Intensität der Bewirtschaftung zunimmt. Des weiteren zeigt sich, besonders in Abhängigkeit von bestimmten Klimagürteln und den rezenten tektonischen Schwächezonen, eine Häufung solcher Erscheinungen in bestimmten Gebieten der Erde. Es nimmt nicht wunder, daß die „natural hazards" wegen ihrer hohen Relevanz für Leben und Wirtschaft schon lange ein spezielles Aufgabengebiet internationaler Forschung bilden. Der mitteleuropäische Raum erweist sich als davon in relativ hohem Maße verschont. Um so deutlicher rückt hier, zufolge einer außerordentlich starken Nutzung und Inanspruchnahme der Naturräume, der gesellschaftlich induzierte Landschaftswandel in den Vordergrund.

Tabelle 1:
Natürlich induzierte Impulse für Landschaftswandel (orientierender Überblick)

Impulsgruppen	langfristig ablaufende großräumige Vorgänge	kurzfristig ablaufende begrenzträumige Vorgänge
1. Astronomische Impulse (besonders Veränderungen der Erdbewegung, wie Bahn, Ekliptik, Achsneigung, etc. – meist verschiedene Rhythmen)	Klimaänderungen (z. B. Tertiär und Pleistozän) und Klimaschwankungen	Sonnenflecken-Rhythmen; Einschlag oder erdnahe Explosion von Groß-Meteoriten
2. Endogene Kräfte (Epiro-, Tektogenese, Vulkanismus, Erdbeben, Isostasie)	Reliefänderungen (z. B. Gebirgsbildungen, Schollenbewegungen, isostatische Hebungen und Senkungen)	Vulkanexplosionen und -ausbrüche (Umgebung bis umlaufende Aschewolke); Erdbeben (Zerstörungen, tektonische Veränderungen, Massenbewegungen und Gewässernetz, Tsunami)
3. Gravitativ-exogene Kräfte (Verwitterung, Bodenbildung, Abtragung, Massenbewegungen)	destruktiv-abtragende Vorgänge auf dem Festland	Erosion und Erdrutsche durch Katastrophenniederschläge u. Extrem-Tauwetter; Lawinen; Deflation und Dünenbildung, Dolinenbildung u. a.
4. Atmosphärische Kräfte (meistens gesteuert von Impulsgruppe 1, u. U. auch von 2)	Klimaänderungen und -schwankungen	Stürme/Orkane (Waldbruch, Sand/Staub, Sturmfluten) Brände; Hochwässer und Dürren; Lawinen und Schneebruchkatastrophen
5. Hydrische Vorgänge (Wasser und Eis) (meist gesteuert von Impulsgruppen 1, 2, 4)	Trans- und Regressionen, Pluvialzeiten, etc.	Hochwässer, Sturmfluten, Tsunami, Dürren
6. Biogene Vorgänge (gesteuert von allen anorganischen Impulsgruppen: 1–5)	Erlöschen/Neuentwicklung von Arten und Lebensgemeinschaften; Ausbildung von Gleichgewichts/Optimum-Biogeozönosen; Vegetationsgürtel	Störung von Populationsgleichgewichten (Schädlings-/Krankheitsinvasionen besonders bei hoher Dominanz weniger Arten)

2.2. *Der gesellschaftlich bedingte Landschaftswandel*

Im Laufe der letzten Jahrtausende hat die Menschheit nahezu alle dauerhaft besiedelbaren Areale der Kontinente unseres Erdballes in Besitz genommen und beeinflußt. Vom Menschen völlig unberührte „Naturlandschaft“ muß gegenwärtig bereits als Ausnahme gelten. Mithin ist die Landschaft in der Regel als ein Gleichgewichtszustand anzusehen, der sich zwischen der natürlichen Ausstattung eines Gebietes und seiner gesellschaftlichen Inanspruchnahme eingepegelt hat, wobei historisch manifestierte und rezente anthropogene Einflüsse beteiligt sind (Lehmann 1976). Jeder Gleichgewichtszustand ist ein Entwicklungszustand, der nur so lange bestehen bleibt, wie die natürlichen und gesellschaftlichen Wirkungsfaktoren, die innere und äußere Dynamik, konstant bleiben. Kommt es auf der einen oder anderen Seite zu einer Änderung, so wird das Gleichgewicht gestört. Das dynamische Gleichgewicht pegelt sich, entsprechend der Art und Intensität der Veränderungen, auf ein neues Gleichgewicht ein und behält dies dann solange bei, bis wiederum neue Impulse eintreten. Da die natürlichen und erst recht die gesellschaftlichen Impulse nicht über längere Zeit Konstanz aufweisen, ist Landschaftswandel inhärent eine notwendige Folge. Jeder Landschaftswandel bedeutet aber Veränderungen im bewirtschafteten Territorium und hat mithin unausbleiblich Auswirkungen auf die Gesellschaft des Territoriums, welche bald positiv, bald negativ sein können. Das Ausmaß der industriell-technischen Entwicklung in der Gegenwart löst eine immer größer werdende Zahl landschaftswirksamer Impulse aus, und die von diesen bewirkte Dynamik wird in ihrer Mannigfaltigkeit zunehmend schwerer überschaubar. Hinzu kommt, daß dabei eine volle Einpegelung auf Gleichgewichtszustände z. T. überhaupt nicht mehr erreicht werden kann, weil bereits vorher neue Impulse andersartige Veränderungen veranlassen. Als notwendige Konsequenz resultiert in zunehmendem Maße eine rasche Aufeinanderfolge kurzfristigerer und schwerer prognostizierbarer Landschaftsveränderungen mit all ihren Auswirkungen auf die produzierende Gesellschaft und deren Lebensweise.

Will man den gesellschaftlich bedingten Landschaftswandel untersuchen, so muß methodisch zunächst von den Impulsen, die die Gesellschaft in den Naturraum bzw. in die Landschaft eingibt, ausgegangen werden (Neef u. a. 1979), d. h. von den einzelnen Flächennutzungsarten und den von diesen ausgehenden Beeinflussungen, wobei selbst einzelne technische Neuerungen eine ganze Impulskette auslösen können, wie z. B. allein die Einführung der vom Pferd gezogenen Grasmähmaschine (Bernhardt 1981) oder die Einführung der Sense, die zu einer Erschließung der Hochalpentäler führte (Neef mdl.). Im Prinzip wäre für jede Flächennutzungsart die Erarbeitung von Fallstudien notwendig, um jeweils das gesamte Beziehungsgeflecht und dessen Wirkungsmechanismen zu erfassen. Ferner müßten alle Neuerungen und Veränderungen auf bzw. in der jeweiligen Flächennutzungsart auf Ziel- und Nebenwirkungen analysiert werden. Schließlich wäre es notwendig, das Beziehungsgeflecht auch bezüglich unterschiedlicher Wirkungsmechanismen in verschieden gearteten Naturräumen, zumindest in den verbreitetsten Naturraumtypen, zu analysieren. Erste komplexe Fallstudien werden gegenwärtig in der Arbeitsgruppe „Naturhaushalt und Gebietscharakter" der SAW erarbeitet, das Beziehungsgeflecht ausgewählter Landschaftselemente des weiteren von NIEMANN (1982).

Bei Untersuchungen der Vorgänge auf den genutzten Arealen selbst müssen auch die in- und outputs, d. h. die Nachbarschaftswirkungen der jeweiligen Flächennutzungsart in gleicher Weise analysiert werden. In einer nächsten Phase lassen sich dann Flächennutzungskombinationen in Form von Landschaften als komplexe Einheiten höherer Ordnung erfassen und bearbeiten. Der Weg führt von der Analyse über die Synthese zur Diagnose und Prognose, wobei neben der hohen Komplexität auch die naturräumliche Differenziertheit der Landschaften zu beachten ist.

Gegenwärtig stehen wir noch am Anfang dieses Forschungskomplexes, der weder aus Zeit- noch aus Kapazitätsgründen (einschließlich umfangreicher interdisziplinärer Kooperation) in absehbarer Zeit zu lösen ist. Die Brisanz der Thematik verlangt daher zugleich nach Wegen, wesentliche Probleme, die schon in absehbarer Zeit volkswirtschaftlich bedeutsam sein werden oder sein können, vorrangig anzugehen und zu bearbeiten.

In diesem Beitrag soll der historische Werdegang des gesellschaftlich bedingten Landschaftswandels im Mittelpunkt stehen, wobei die Studien der Autoren zu dem Ergebnis geführt haben, daß in der Menschheitsgeschichte in Mitteleuropa vier große revolutionierende Phasen der Einflußnahme auf die Landschaft zu verzeichnen sind, die mit der Entwicklung der Produktivkräfte koinzidieren und in einer beinahe logarithmischen Abfolge von Zeitintervallen einander ablösen.

2.2.1. Die Etappe der agrarischen Landnahme und -nutzung

Ein wesentlicher Grundzug in der gesamten geschichtlichen Entwicklung der Menschheit besteht in der schrittweisen Emanzipation der Gesellschaft von der Einflußnahme ihrer natürlichen Umwelt auf ihre Daseinsbedingungen. Zugleich haben gegenläufige Wirkungen fortschreitend an Umfang und Intensität gewonnen, d. h. in zunehmendem Maße zu anthropogenen Veränderungen von Landschaftsausstattung und Landschaftszustand geführt.

In der Jagd- und Sammelwirtschaft, des Jungpaläolithikums und Mesolithikums blieben diese menschlichen Einwirkungen auf die Landschaft punktuell. Die kargen Zeugnisse sind auf vereinzelte Beispiele gestörter Bodenprofile (Bodenverfärbungen im archäologischen Sinn), auf anthropogene Sedimente und Oberflächenformen (Muschelabfallhaufen der sog. Kjökkenmöddinger der spätmesolithischen Ertebølle-Kultur im Bereich der südlichen und westlichen Ostseeküsten) sowie auf Hinterlassenschaften von Jagdbeute und pflanzlicher Nahrung beschränkt. Hinweise auf Eingriffe in die Landschaftsdynamik und den Ablauf der Landschaftsentwicklung fehlen dagegen.

Dies änderte sich mit der agrarischen Revolution, die das Neolithikum einleitet: Ackerbau und Viehzucht wurden zu bestimmenden Formen der Landnutzung. In ihrem Gefolge erreichte die Einwirkung der Gesellschaft auf ihre natürliche Umwelt erstmalig eine Intensität, die für Veränderungen von Landschaftsausstattung und -dynamik ausreichend war. In Mitteleuropa begann diese agrarische Etappe des Landschaftswandels im 6. Jh. v. u. Z. Ihre Wirksamkeit blieb anfänglich auf begrenzte Teilräume Mitteleuropas beschränkt, die später schrittweise erweitert wurden, zeitweilig aber, so z. B. in der vorrömischen Eisenzeit, auch wieder eine Einengung erfuhren. Wesentliche Komponenten anthropogener Landschaftsveränderung waren in dieser Etappe:

- Entwaldung großer Flächen durch Rodungen für den Ackerbau, Auflichtung anderer durch Beweidung, einsetzende anthropogene Veränderung der Zusammensetzung der Wälder in Bezug auf Artenbestand und Bestandsanteile einzelner Arten;
- Bereicherung der natürlichen Vegetation durch Einführung von Kulturpflanzen ostmediterraner bzw. nahöstlicher Herkunft sowie von Begleitarten der agrarischen Landnutzung durch Kulturfolger in der Wildvegetation, dazu analoge Veränderungen in der Zusammensetzung der Fauna im Gebiet; insgesamt allmähliche, aber fortschreitende Erhöhung der biotischen Diversität sowie Verschiebung der Konkurrenzverhältnisse in den zuvor entstandenen Biocoenosen durch Eintritt von Neuankömmlingen;
- Vermehrung des Bodenabtrages durch Wasser und Wind auf entwaldeten Flächen sowie in dessen Gefolge flächenhaft wirksame Sedimentationsprozesse, die auf die erhöhten lateralen Materialverlagerungen zurückgehen (Klock-Ablagerungen in Dellen sowie in Bach-, Fluß- und Stromauen: sogenannter Auenlehm, ferner die holozänen „Abrutsch- und Abschlämm-Massen“ der ehemaligen Preußischen geologischen Landesaufnahme; Reaktivierung von Flugsandverwehungen in Dünengebieten);
- Zunehmende Ungleichmäßigkeiten und Veränderungen im Wasserabfluß durch Verminderung des der Bewaldung verdankten natürlichen Wasserrückhaltevermögens einzelner Naturräume, mit Rückkoppelung auf die Verstärkung des Bodenabtrages im anthropogen entwaldeten Offenland;
- Retrograde Veränderung von Boden und Relief im Ergebnis flächenhaft

wirksamen Bodenabtrages, d. h. erosive Beseitigung des durch natürliche Entwicklung im Weichsel-Spätglazial und älteren Holozän entstandenen Gleichgewichts von Bodenzustand und Vegetationsdecke sowie „Zürückschrauben" der Boden- und Standortsentwicklung auf ihren letztkaltzeitlichen Ausgangszustand (Smolíková & Ložek 1978);

- Geländeklimatische Folgewirkungen der fortschreitenden anthropogenen Entwaldung mit Tendenzen zu einer „anthropogen verstärkten Kontinentalität" (Ausbildung und Ausbreitung von Offenlandklimaten);
- Sporadisches Aufkommen anthropogener Oberflächenformen durch frühe Entwicklungsphasen des Bergbaues in regional weit verstreuten und sehr vereinzelten, aber nicht unbedingt kleinräumigen Abbaurevieren
  - zur Feuersteingewinnung spätestens seit dem Frühneolithikum (Lech & Leligdowicz 1980; Weiner & Zimmermann 1980 u. a.),
  - zum Erzabbau seit der Bronzezeit (Otto & Witter 1952; Toepfer 1953);
- Entstehung anthropogener (topischer und chorischer) Naturraumtypen, z. B. durch die Klocküberdeckung vorheriger Schotterauen und Moorflächen (Litt 1983).

Die Herausbildung neuartiger Naturraumtypen im Ergebnis einfacher agrarer Landnutzung läßt erkennen, daß die anthropogenen Impulse in der Landschaftsdynamik bereits seit den Anfängen der agrarischen Etappe — zumindest teilweise — irreversible Wirkungen auslösen konnten. Betroffen sind zunächst die Akkumulationsflächen in den Talauen beiderseits der Entwässerungsbahnen in den zuerst von der Besiedlung erfaßten Altsiedlungslandschaften. Dort bezeugen bereits seit dem mitteleuropäischen Frühneolithikum Klockdecken die einsetzende Erweiterung des naturräumlichen Inventars, beispielhaft belegbar an Hand des sogenannten „Älteren Auelehmes" (Händel 1967) in den Auen von Pleiße und Weißer Elster in der Leipziger Tieflandsbucht sowie im südlich hieran anschließenden Hügelland (Litt 1983).

Kennzeichnend ist dabei zunächst die durch die Bindung an Akkumulationsbereiche in den Auen bewirkte „bandförmige Gestalt" der neu entstehenden chorischen Naturräume anthropogenem Ursprungs. Ihr Aufkommen bewirkt eine Erweiterung des naturräumlichen Inventars in der Landschaft und in deren Gefolge eine Zunahme der standörtlichen Diversität und räumlichen Heterogenität der Naturraumausstattung. Die zugrundeliegenden Prozesse bleiben aber vorerst auf eine natürliche mechanische Stoffverlagerung innerhalb der Landschaft beschränkt, d. h. es erfolgt noch keine Zufuhr naturraumfremder Stoffe und folglich auch noch keine Erhöhung der stofflichen Diversität. Beachtlich ist hingegen die beträchtliche lineare Reichweite der von jenen Rodungsimpulsen ausgelösten Sedimentationsvorgänge.

Überdies bleiben auf den Herkunftsflächen des umgelagerten Materials die Veränderungen infolge Landnutzung durch die Gesellschaft je nach Intensität und Dauer retrograder Veränderung der Standortbedingungen zumindest auf Teilflächen offenbar noch immer in einem reversiblen Rahmen, jedoch waren die betroffenen Ereignisfelder bereits von erheblicher Ausdehnung (LITT 1983). Schon vom Wanderfeldbau des mitteleuropäischen Frühneolithikums wurde der Flächenbedarf für den Anbau von Nutzpflanzen (dazu z. B. ROTHMALER & NATHO 1957) vervielfacht, so daß bereits Wirkungsfelder in der Größenordnung von Mikro- bis Mesochoren entstehen konnten, denn die „natürliche Ergiebigkeit des Bodens geht ... im Laufe einer länger andauernden Landwirtschaft zurück, und man muß daher weitere Flächen aufsuchen" (BERANOVÁ 1980, S. 371). Inwieweit bereits eine Verwendung des Pfluges auf den Nutzflächen jener Zeit zur Bodenverlagerung beitrug, muß beim bisherigen Kenntnisstand noch offen bleiben (JÄGER 1985).

Die Dichte der Besiedlung und das Ausmaß ackerbaulicher Landnutzung unterlagen in den Jahrtausenden nach der agrarischen Revolution sowohl im mitteleuropäischen Rahmen insgesamt wie auch in einzelnen Teilgebieten Mitteleuropas erheblichen Wandlungen, die teilweise von Klimaschwankungen ausgelöst wurden (vgl. JÄGER & LOŽEK 1978). Auf bestimmten Flächen konnten und mußten ackerbauliche Nutzung und Bewaldung im Verlaufe der Jahrtausende mehrfach miteinander wechseln und dem Wechsel von Bodenabtragung und Abtragungsruhe im kultivierten Offenland entsprach eine wechselnde Intensität und Geschwindigkeit der Klocksedimentation in Auen und Dellen (LOŽEK 1976, JÄGER & LASER 1971) wie auch der minerogenen Sedimentanteile in den Ablagerungsfolgen von Seen (STEINBERG 1944). Wesentliche Impulse für den Sedimentationsverlauf verbanden sich jeweils mit den Rodungsphasen und einem nachfolgenden Zeitraum bis zur Stabilisierung der Krume, die das Abtragungsgeschehen auf den Nutzflächen sowie die Ablagerungsvorgänge in Dellen, Auen u. a. Tieflagen des Geländes aktivierten (vgl. z. B. JÄGER & LASER 1971).

Eine auffällige, wenn auch zunächst zeitweilige Verstärkung erfuhr die gesellschaftliche Einflußnahme auf den natürlichen Landschaftswandel im Verlaufe der Urnenfelderbronzezeit (JÄGER & LOŽEK 1978). In diesem Zeitraum kam es in weiten Gebieten Mitteleuropas zur Vermehrung der Siedlungsplätze sowie zur Erschließung neuer Siedlungsgebiete, d. h. zur Erweiterung der Siedlungsareale unter Überschreitung vorheriger Besiedlungsgrenzen. Sie umfaßte u. a. ein Vordringen der Besiedlung in die höheren Lagen der Mittelgebirge (unter Einbeziehung der montanen Stufe), in die Talauen und in die Uferbereiche mitteleuropäischer Seen. Das Spektrum des Nutzpflanzenanbaues auf Ackerland wurde in diesem Zeitraum erweitert (Ackerbohne – *Vicia faba* L.: JÄGER 1965), und es zeigen sich erste Eingriffe in das Abflußgeschehen (GOLDMANN 1982a). Im wesentlichen beruht der Ausbau der

Landnutzung in diesem Zeitraum aber noch auf einer Ausweitung der Nutzflächen für Ackerbau und extensive Beweidung.

Die landschaftlichen Auswirkungen waren dennoch einschneidend (Jäger & Ložek 1978): Auf den Nutzflächen kam es zu vermehrter Bodenabtragung im Ackerland und zu verstärkter Grobschuttverlagerung in beweideten Hanglagen der Mittelgebirge, dazu in beiden zu retrograder Veränderung von Böden und Biocoenosen. In den Flußauen verstärkte sich die feinklastische Klocksedimentation.

Analogien zum Landesausbau im Mittelalter betonte bereits Jäger (1962, S. 48). Sie berechtigen dazu, von einem „Landesausbau während der Urnenfelderbronzezeit in Mitteleuropa" zu sprechen (Jäger & Ložek 1978). Allerdings bleiben die naturräumlich wirksamen Impulse dieses Zeitraumes — zumindest nach bisherigen Kenntnisstand — weitgehend auf Folgewirkungen der Landnutzung durch Ackerbau und Viehzucht beschränkt (anders allerdings Goldmann 1982a). Somit erscheint der Landschaftswandel in diesem Zeitraum vorrangig als ein Ergebnis verstärkter agrarischer Landnutzung. Im Unterschied zu dem komplexen Landesausbau während des Mittelalters (s. Abschn. 2.2.2) zeichnet sich demzufolge die Urnenfelderbronzezeit offenbar durch einen lediglich agrarischen Landesausbau aus, der sich als Teiletappe in der agrarischen Etappe des gesellschaftlich beeinflußten Landschaftswandels darstellt.

Spätestens während dieser Teiletappe führte die Ausweitung und Intensivierung der Landnutzung zu einer erheblichen Erweiterung der Flächen mit irreversibler Veränderung der Landschaftsausstattung. Sie war verbunden mit einem weiteren Aufkommen neuartiger „anthropogener" Naturraumtypen. Beispielhaft hierfür sind die Auswirkungen einer verstärkten Einbeziehung von Karstregionen in verschiedenen Teilen Mitteleuropas in die Landnutzung (z. B. Südslovakischer Karst, Pálava in Südmähren — Jäger & Ložek 1978; Ložek 1983). Deren damalige Entwaldung war ebenso endgültig wie diejenige weiter Gebiete im circum-mediterranen Raum während des sogenannten „klassischen" Altertums. Sie führte — wie dort — zur Entstehung garigueartiger Naturräume mit den dafür kennzeichnenden Biocoenosen (Lemée 1967) sowie mit bis zur Gegenwart deutlich vermindertem naturräumlichem Potential für jegliche Landnutzung. Vorrangig betroffen sind Karstareale mit Böden vom Typ der Terra fusca (Ložek 1983);

> „Bei diesen Böden liegt nämlich das tonreiche entkalkte Bodenmaterial unmittelbar dem festen Kalkfelsen auf, von dem es durch eine scharfe Grenze getrennt ist. Nach der Entfernung der Bodendecke tritt dieser in Form von Karren ans Licht ..." (Gušić 1973).

Die nachfolgende Eisenzeit brachte zunächst in Mitteleuropa einen allgemeinen Rückgang von Besiedlungsdichte und Landnutzung und damit auch der gesellschaftlichen Einwirkung auf den Landschaftswandel. Diese Phase verminderter Aktivitäten der Gesellschaft im Naturraum und entsprechender Einschränkung ihrer Nebenwirkungen war aber in verschiedenen Teilen Mitteleuropas von unterschiedlicher Dauer: Im südlichen Mitteleuropa sowie westlich des Rheins bewirkte ein erneuter Aufschwung von Besiedlung und Wirtschaft in spätkeltischer Zeit (2. u. 1. Jh. v. u. Z.; vgl. u. a. Filip 1956, Schlette 1976) sowie anschließend das Übergreifen des Imperium Romanum auf die Gebiete westlich des Rheins und südlich der Donau erneut eine zeitweilige erhebliche Verstärkung der gesellschaftlichen Einflußnahme auf den natürlichen Landschaftswandel.

Im übrigen Mitteleuropa leitete schließlich erst das Mittelalter eine Etappe der Landschaftsentwicklung ein, die für den Landschaftswandel qualitativ wie quantitativ mit einer erheblichen und vielseitigen Zunahme gesellschaftlicher Einwirkungen verbunden war und darüber hinaus wieder im gesamten Mitteleuropa wirksam wurde. Auch diese Etappe verdankte wesentliche Impulse, z. B. ausgedehnte Rodungen, einer erneuten Ausbreitung und Intensivierung der agrarischen Landbewirtschaftung, verband diese aber mit neuartigen Innovationen, deren Herkunftsbereiche außerhalb der Landwirtschaft liegen.

2.2.2. Die Etappe des komplexen Landesausbaues

Viele der aus der vorangehenden Etappe des Landschaftswandels bekannten Impulse wiederholen sich im Mittelalter und in der frühen Neuzeit (u. a. umfangreiche Rodungen), aber weitere kommen in diesem Zeitraum hinzu. In herausragender Weise zeigt sich dies an der Zunahme anthropogener Eingriffe in den Wasserhaushalt der Landschaft.

Bereits für die Urnenfelderbronzezeit rechnet Goldmann (1982a) in Mitteleuropa mit derartigen Eingriffen durch wasserbauliche Maßnahmen, Irrigation und Meliorationen. Belege hierfür fehlen nicht, bleiben aber für diesen Zeitraum bisher sehr vereinzelt (Stauwehr am spätbronzezeitlichen Burgwall „Goldkuppe“ bei Seußlitz, Kr. Meißen, in Sachsen).

Ein erhebliches Ausmaß kommt dagegen mit Sicherheit der gesellschaftlichen Einflußnahme auf den Landschaftswasserhaushalt ausgedehnter Gebiete Mitteleuropas spätestens in den Jahrhunderten seit dem Mittelalter zu. Dies wurde u. a. am Beispiel der nördlichen Mark Brandenburg, dort zuletzt zusammenfassend durch E. Driescher (1969, 1975, 1983), aber z. B. auch für das Thüringer Becken durch I. Straube (1956) eindrucksvoll belegt.

Als wesentliche Impulse (und Wirkungen) erweisen sich in diesem Zusammenhang:

— Künstliche Veränderungen von Abflußwegen im Gewässernetz, wie

  - Anbindung zuvor abflußloser Gebiete und Einzelgewässer an das Netz der Fließgewässer; sowie
  - Entstehung zusätzlicher Wasserwege durch Anlage von Kanälen (DRIESCHER 1969, 1975, 1983);
  - Überschreitung von Wasserscheiden durch Kanäle, Floß- und Kunstgräben sowie Verlegung von Fließgewässern (z. B. WAGENBRETH 1979, S. 150);
  - Anlage von Wasserleitungssystemen (vgl. z. B. DEUBLER 1961);
- Stauanlagen im Verlaufe von Fließgewässern, insbesondere zur Nutzung von Wasserkraft für den Mühlenbetrieb (vgl. E. PITZ 1979), mit Nebenwirkungen wie
  - weitflächig wirksamen Anhebungen der Grundwasserstände sowie teilweise ausgedehnten Vermoorungen in Talauen und -niederungen (u. a. BESCHOREN 1935a, b; HERRMANN 1959);
  - Anhebung der Wasserstände und Erweiterung der Wasserfläche von Stillgewässern in Flußniederungen sowie im Verlaufe von Fließgewässern sowie Entstehung neuer Stillgewässer in Staubereichen (DRIESCHER 1969);
  - Entstehung neuartiger Standortmosaike von chorischen Naturräumen im Rückland der Stauwehre (VOLLRATH 1963);
- Maßnahmen künstlicher Entwässerung (Melioration) von Auen und Niederungen mit dem Ziel vermehrter Verfügbarkeit von Acker- und Grünland;
- Deichanlagen
  - entlang der Läufe von Tieflandsflüssen zum Schutze inundationsgefährdeter Talauen im Binnenland sowie
  - zum Schutze und zur Gewinnung von Marschland in Küstengebieten, besonders an der Nordsee;
- Moorkulturen und Torfstiche;
- Verbreitete Anlage von Teichen und Entstehung von Teichlandschaften (z. B. Moritzburg in Sachsen, Plothen in Thüringen, Jindřichův Hradec in Südböhmen u. a.) für die Zwecke
  - vermehrter Fischzucht (nach der Christianisierung Fisch als Speise für Fastenzeiten und Fastentage, besonders freitags),
  - der Erzaufbereitung in Bergbaurevieren,
  - der Flachsverarbeitung (Röstteiche);
- Verkleinerung und Beseitigung von Stillgewässern durch
  - künstliche Absenkung des Wasserspiegels von Seen (Beispielfall: Absenkung der Müritz in Mecklenburg 1273 — vgl. MEINKE, RICHTER & SCHULZE 1967);
  - Trockenlegung von Seen (vgl. z. B. für Thüringen STRAUBE 1956 und

SCHULZE 1980, für das brandenburgische Jungmoränengebiet DRIESCHER 1969, 1975);
- beschleunigte Verlandung von Stillgewässern.

Dabei kamen einander gegenläufige Tendenzen gesellschaftlicher Einwirkung auf den Wasserhaushalt im gleichen Gebiet teils nebeneinander und gleichzeitig, teils nacheinander und in zeitlichem Wechsel zur Geltung, so z. B. für

- das Grundwasser in Talauen und Niederungen
  - Anhebung durch Mühlenstau,
  - Absenkung durch Meliorationen, aber auch als Nebenwirkung von Laufverlegungen bei Fließgewässern (Beispielfall: Oderbruch im Ergebnis des Kanal-Durchstiches für den Oderlauf bei Hohensaaten am Ausgang des Oderbruches 1747–1753),
- den Bestand an Stillgewässern
  - Erweiterung der Teichflächen durch künstliche Schaffung neuer Teiche sowie als Nebenwirkung von Anhebungen der Grundwasserstände im Umland der Teiche,
  - Minderung der See- und Teichflächen durch Trockenlegung, Verlandung sowie als Nebenwirkung von Absenkungen der Grundwasserstände im Umlauf der Stillgewässer.

Ein ähnliches Nebeneinander von einander entgegengesetzten Tendenzen zeigen auch die Nebenwirkungen der vielfältigen gesellschaftlichen Eingriffe in den Wasserhaushalt der Landschaft. So begünstigen

- der vielfache Anstau von Fließgewässern sowie die häufige Anlage von Teichen
  - die Verweildauer des Niederschlagswassers in einem bestimmten Gebiet sowie
  - den Anteil der Verdunstung am Niederschlagsaufkommen,
- die Schaffung verkürzter Abflußwege, die Auenmelioration sowie die Trockenlegung und Verkleinerung von Stillgewässern
  - einen schnellen und weniger gleichmäßigen Wasserabfluß sowie
  - den Anteil des Abflusses am Niederschlagsaufkommen.

Diese vielfältigen Eingriffe in den Wasserhaushalt der Landschaft dokumentieren gleichermaßen

- wesentliche Fortschritte im technischen Leistungsvermögen der Gesellschaft durch Innovationen wie das Aufkommen der Wassermühle seit fränkischer Zeit – vgl. PITZ 1979) wie auch
- Neuerungen im Bereich wirtschaftlicher Erfordernisse und Bedürfnisse, z. B.
  - mit Wasserkraft betriebene Hammerwerke für die Erzwäsche seit

dem 14. Jh. im Erzgebirge, im Harz und in Nürnberg (vgl. FELDHAUS 1931, S. 311 u. 377), gegen Ende der Etappe auch für Manufakturbetriebe

- zunehmender Holzbedarf als Voraussetzung für wachsende Bedeutung der Flößerei sowie Anlage von Floßgrabensystemen,
  - in den Revieren des Erzbergbaues für die Erzverhüttung (vgl. z. B. Sächsisch-Böhmisches Erzgebirge, J. WINKLER 1935),
  - im Flußeinzugsgebieten größerer Städte für deren Bauholz- und Heizmaterialversorgung.

Voraussetzung für eine derartige Intensivierung der gesellschaftlichen Einwirkung auf nur eine Komponente des Landschaftshaushaltes war der Fortschritt in der Entwicklung der Produktivkräfte mit dem Aufkommen des Feudalismus, dessen Auswirkungen aber auf diese eine Komponente nicht beschränkt bleiben. Wesentliche Impulse erfuhr in diesem Zeitraum die Landschaftsdynamik außerdem durch Innovationen in

- Erzbergbau,
- Ackerbau und
- Waldnutzung.

Der Erzbergbau erlebte im Mittelalter eine erhebliche regionale Ausweitung durch Erschließung neuer Reviere, wie Sächsisch-Böhmisches Erzgebirge und Slovenské Rudohorie (= Slowakisches Erzgebirge), qualitativ eine Verbreiterung des Abbauspektrums und technisch Veränderungen in der Abbaumethodik. Oberflächig wirksam werden dabei u. a. Kleinhaldenfelder, die z. B. im Unterharz (Mansfelder Land) nicht nur zu einem veränderten Kleinrelief auf verhältnismäßig ausgedehnten Flächen führen, sondern wegen der nach Körnung und Chemismus von den Bodensubstraten im Umland abweichenden Beschaffenheit des aufgehaldeten Materials auch das standörtliche Inventar der Physiochoren (neuartiger Physiotoptyp) verändern und überdies nicht nur neuartigen Bioceonosen Raum bieten, sondern sogar bei einzelnen Pflanzenarten besondere Anpassungsformen an den erhöhten Schwermetallgehalt in den Bodensubstraten entstehen ließen (PREUSCHEN 1964). Seltener sind als Oberflächenformen Tagesbrüche und Bingen über Bereichen auflässigen Tiefbergbaues.

Eine regionale Ausweitung mit Erschließung neuer Nutzungsbereiche erfuhr im gleichen Zeitraum auch die ackerbauliche Flächennutzung, was zunächst zur Erhöhung und verstärkten Verbreitung der Klocksedimentation (sogenannte Dellen- und Auenlehme — vgl. u. a. REICHELT 1953; JÄGER 1961, 1962, 1973; NEUMEISTER 1964; HÄNDEL 1967) führte, die in diesem Zeitraum, besonders in den Bergländern der Zentraleuropäischen Mittelgebirgszone, mit ihren Folgen für Dynamik und Inventar der Naturräume nach dem Ende der letzten Kaltzeit vielerorts erstmalig wirksam wurde (Beispiele in Thüringen: Remda, Kreis Rudolstadt — vgl. Jäger 1961; Oberdorla, Kreis Mühlhausen — vgl. Jäger 1962). Auch hier war die räumliche Ausweitung, d. h. die Überschreitung vorheriger Nutzungsgrenzen mit Innovationen verbunden. Besondere Wirksamkeit erlangten in diesem Zusammenhang

— die Einführung des Roggenanbaues im frühen Mittelalter (7.—10. Jh., vgl. zusammenfassend E. Lange 1971, S. 60—63; ferner D. Kučan 1979);
— die erstmalige Herausbildung fester Fruchtfolgezyklen, zuerst belegt in der Niederlausitz (Jäger 1966; ferner Herrmann 1981 sowie Goldmann 1982b),
— die Entwicklung und Ausgestaltung von Plaggendüngung und Eschkultur im nordwestlichen Mitteleuropa (Scheffer & Meyer 1963) etwa seit dem 10. Jh. (Behre 1976; Kučan 1979);
— die Ausbreitung des Wein- und Hopfenanbaues im Gebiet östlich des Rheins und nördlich der Donau seit der karolingischen Zeit (Steinhausen 1904, S. 66, 90, 154);
— die zunehmende technische Beherrschung eines durch Deichbau verbesserten Hochwasserschutzes in Talauen (besonders der Tieflandsströme) sowie an Flachküsten;
— die verbesserten technischen Voraussetzungen für die Getreideverarbeitung durch die Durchsetzung
  — von Wassermühle (Mühlrad) seit fränkischer Zeit sowie
  — der Windmühle seit dem 12. Jh. (Pitz 1979).

Diese Vielfalt von Innovationen im Bereich der agrarischen Produktivkräfte charakterisiert zugleich katalogartig wesentliche Unterschiede, die den mittelalterlichen Landesausbau von demjenigen während der Urnenfelderbronzezeit in Mitteleuropa (Jäger 1962; Jäger & Ložek 1978, 1981; ferner Goldmann 1982a, Ložek 1983) unterscheiden, wenn auch die Ausweitung der besiedelten und in Sonderheit der ackerbaulich genutzten Fläche mitsamt zugehöriger Folgeerscheinungen beiden gemeinsame Merkmale sind. In bezug auf die Konsequenzen beider Phasen verstärkten Landesausbaues für die Landschaftsdynamik in Mitteleuropa ergeben sich somit Analogien (Jäger & Ložek 1977, S. 105—106; Goldmann 1982a), aber dies doch in einem Rahmen, der durch den unterschiedlichen Entwicklungsstand der Produktivkräfte in beiden Ausbauphasen bestimmt wird.

Bemerkenswert ist die weitgehende Gleichzeitigkeit von Intensivierung der ackerbaulichen Flächennutzung (u. a. durch feste Fruchtfolgeregelungen) mit ihrer Arealerweiterung. So wäre nach der Einführung von Fruchtfolgezyklen bei gleichbleibender Bevölkerungszahl eigentlich eher eine Einengung der agrarischen Bedarfsfläche zu erwarten. Für eine tatsächlich insgesamt gegenläufige Entwicklung scheinen besonders drei Faktoren maßgeblich gewesen zu sein, und zwar

- eine gesamtterritoriale Zunahme der zu ernährenden Bevölkerung,
- ein absolut wie relativ anwachsender Anteil der nicht bäuerlichen Bevölkerung in Mitteleuropa,
- ein Abfließen agrarischer Ertragsgewinne im Rahmen des Güteraustausches sicher innerhalb Mitteleuropas (HERRMANN 1981), aber vielleicht auch im Rahmen eines bereits frühzeitig einsetzenden Getreidefernhandels bis nach Byzanz (GOLDMANN 1982b).

Mit der Erweiterung der ackerbaulichen Nutzflächen war nicht selten ein Vordringen in Grenzbereiche agrarischer Nutzbarkeit verbunden, deren Ertragsfähigkeit (zur Terminologie vgl. zusammenfassend bei LIEBEROTH 1969, S. 303–311) viel eher der Erschöpfung unterlag oder doch zumindest hinter begründeten Ertragserwartungen zurückblieb, was irgendwann in der Folgezeit wieder die Auflassung begünstigte und – temporär oder auf Dauer – im Zusammenwirken mit anderen Anlässen (z. B. Kriegszerstörungen), zahlreiche Flurwüstungen entstehen ließ. So führte die Erweiterung der ackerbaulichen Nutzflächen zwar generell zwangsläufig zu einer Einengung der nutzbaren Waldflächen, jedoch konnten auf gleichen Areal Wald und Offenland in wenigen Jahrhunderten offenbar mehrfach und teilweise auch außerordentlich kurzfristig miteinander wechseln (vgl. z. B. für das mittlere Brandenburg KRAUSCH 1964, 1967, im mittleren Mecklenburg u. a. JANKE, JÄGER & HEINRICH 1975).

Dieser relativ häufige Wandel in der Wald-Offenland-Verteilung im Verlaufe von spätem Mittelalter und früher Neuzeit dokumentiert teils einen zeitlichen Wechsel, teils ein Nebeneinander von Intensivierung und Extensivierung im gleichen landschaftlichen Rahmen. An seinem Zustandekommen waren offenbar regionalgeschichtliche Zufälligkeiten ebenso beteiligt wie komplizierte Wechselwirkungen zwischen der Entwicklung der Produktivkräfte in der Landwirtschaft einerseits und der Dynamik des Besiedlungsablaufes andererseits. Für die Dynamik der Landschaft bedeutet zeitlicher Wechsel zwischen Intensivierung und Extensivierung der Landnutzung gewissermaßen eine Art zeitlicher Diversität. Ihr wesentliches Merkmal ist eine mehr oder weniger kurzfristige Aufeinanderfolge gegensätzlicher Impulse, ihr Ergebnis eine mehr oder weniger große Labilität in den Reaktionsmechanismen des Landschaftshaushaltes. Allerdings muß, wenn auch mit anderem nutzungsgeschichtlichem Hintergrund, bereits für den Wanderfeldbau in der neolithischen Frühphase der vorangehenden agrarischen Etappe regionaler Entwicklung in der mitteleuropäischen Landschaftsdynamik wohl mit ähnlichem Impulswechsel gerechnet werden.

Unabhängig von ihrem Anteil an der Landschaft insgesamt unterlag aber im gleichen Zeitraum auch die gesellschaftliche Nutzung der verbliebenen Waldflächen einer nach Art und Ausmaß fortschreitenden Intensivierung, die wiederum – zumindest teilweise – auf technische Innovationen zurückging. Hierzu zählen besonders

– die Ausweitung der Köhlerei, deren Ausbreitung in Mitteleuropa freilich offenbar bereits in der Latènezeit einsetzte (PLEINER 1958);
– das Aufkommen der Pechsiederei seit dem 9. Jh. (zusammenfassend vgl. jetzt RAJEWSKI 1970);
– die im Mittelalter üblich gewordene Verwendung von Holzasche (an Stelle von in römischer Zeit aus Syrien importierter Soda) als Rohstoff für die Glasherstellung (SCHADE 1968), im gleichen Zeitraum (KNORR 1970);
– die zunehmende Bedeutung und Ausbreitung von Technologien mit hohem Feuerungsbedarf, wozu neben Glasschmelzen und Pechsiederei auch die Erzverhüttung sowie Ziegelei und Kalkbrennerei (besonders für den zunehmenden Baumaterialbedarf der größer und zahlreicher werdenden Marktflecken und Städte) gehören;
– vermehrter Bedarf an Bauholz und Heizmaterial durch zunehmende Bevölkerungszahl sowie Ausbau, Erweiterung und Neugründung von Städten, aber auch im Bergbau unter Tage.

Zu den Folgen gehörte einerseits das Eindringen von Standorten für verbrauchsintensive Technologien mit Holznutzung in die Waldgebiete selbst. So wurden z. B. Glashütten „immer inmitten dichter Waldgebiete angelegt, wo sich Holz und Sand zur Genüge vorfanden" (SCHADE 1968, S. 13; vgl. dazu auch am Beispiel der mecklenburgischen Jungmoränenlandschaft VON OEYNHAUSEN 1905). Andererseits begünstigte der wachsende Holzbedarf insgesamt den Übergang zu einer planmäßigen Holznutzung und führte so, gleichfalls im Mittelalter, im mittleren Europa zur Wirtschaftsform des Niederwaldes und (später) des Mittelwaldes, wobei es alle 2 bis 4 Jahrzehnte zu flächigem Abhieb mit anschließender Regeneration aus Stockausschlägen (im Niederwaldbetrieb) bzw. aus Samen (von Überhältern des Altbestandes) in Verbindung mit Stockausschlägen (im Mittelwaldbetrieb) kam. Somit wurde offenbar nicht nur auf ackerbaulichen Nutzflächen, sondern, wennschon mit längerer „Umtriebszeit", auch in den Wäldern ein „Rotationszyklus" wirksam, der nicht nur die Bestandeszusammensetzung und -struktur wirksam veränderte (STAMM 1938), sondern ebenso den oberflächigen Wasserabfluß sowie die Bodenabtragung auch auf bewaldeten Flächen begünstigen mußte. Erhöhte Bodenerosion und vermehrter Wasserabfluß auf zunehmenden ackerbaulichen Nutzflächen wurden somit auf den unter Wald bleibenden Flächen nicht nur nicht kompensiert, sondern – zumindest partiell und zeitweise – gleichfalls tendenziell verstärkt. Das bedeutete praktisch eine erhebliche Abflußzunahme vor allem in den durch Vollformen des Reliefs gekennzeichneten Teilen der Gesamtlandschaft. In die gleiche Richtung wirkten schließlich — wenigstens teilweise — die vielfältigen Formen sogenannter Nebennutzung der bewaldeten Flächen, „wie Streulaubsammeln, Futterlaubschneiden, Beerensammeln" und vor allem die Beweidung der Wälder (vgl. u. a. VON HORNSTEIN 1951; SCHMITHÜSEN 1961, S. 135—138) sowie — vermutlich mit geringerer Umweltwirksamkeit — die Zeidelwirtschaft (REDLICH 1958; HERRMANN 1970), der Vogelfang (GRÄNITZ 1981) und nicht zuletzt die Jagd, für die eine hohe Dichte des Wildbestandes wünschenswert schien.

Freilich waren auch im Waldland die Folgewirkungen der vielfältigen gesellschaftlichen Eingriffe nicht überall gleichartig, vielmehr unterlagen auch deren Nebenwirkungen einer standortabhängigen Differenzierung. So führte die Auflichtung der Waldbestände auf ebenem Gelände, besonders über schwer durchsickerungsfähigen Bodensubstraten, im Ergebnis flächiger Vergrasung eher zur Vernässung als zur Begünstigung von oberflächigem Abfluß.

Insgesamt gehört aber zu den besonders umweltwirksamen Konsequenzen der mit dem Mittelalter einsetzenden wirtschaftlichen Veränderungen eine generell zunehmende, extensive und dabei weitgehend selektive Inanspruchnahme der Waldbestände, die oft bis zur Erschöpfung der Holzreserven geführt hat. Im Gesamtgebiet verstärkt sich mehr und mehr der Trend zur Integration der Waldgebiete in das Gefüge einer in wachsendem Umfang stark gesellschaftlich beeinflußten Dynamik der Landschaft. Seinen Höhepunkt markiert in den mitteleuropäischen Wäldern der Übergang zur geregelten Forstwirtschaft.

Zusammenfassend kommt in der Entwicklung der Landschaftsdynamik in Mitteleuropa den Jahrhunderten, die in der Struktur der Gesellschaft durch Herausbildung und Entwicklung des Feudalismus gekennzeichnet waren, offenbar der Rang einer besonderen Etappe von hoher Eigenständigkeit zu. Im Vergleich zur vorangehenden agrarischen Etappe wird diese Eigenständigkeit durch folgende Besonderheiten begründet:

1. Erhöhte Vielseitigkeit und Intensität der Landnutzung, die sich nahezu auf die Gesamtfläche der Territorien ausdehnt und einem komplexen Landesausbau entspricht
   - teils durch Intensivierung traditioneller Nutzungsformen
     - im Ackerland durch Einführung von neuen Kulturpflanzen, von Fruchtfolgeregelungen und verbesserten Verfahren der Düngung und Flächenbewirtschaftung (Plaggenwirtschaft),
     - unter Wald durch Verstärkung der Holzentnahme sowie veränderten Verfahren der Flächenbewirtschaftung (Nieder- und Mittelwaldwirtschaft),

– teils durch Aufkommen neuartiger Nutzungszweige (z. B. Silbererzbergbau im Erzgebirge) und -technologien (z. B. Nutzung der Wasserkraft durch Wassermühlen);

2. Räumliche Erweiterung der Nutzungsflächen (Erschließung von Neuland, Vorstoß in Grenzbereiche der Nutzbarkeit, Weiterführung des Umbaues von Naturlandschaft in Kulturlandschaft, zunehmender Flächenanteil der Kulturlandschaft an der Gesamtlandschaft) in einem zuvor nicht realisierten Ausmaß;
3. Zeitlich häufigerer Wechsel unterschiedlicher Nutzungsformen (zunehmende Häufigkeit von sog. Flächenumwidmungen);
4. Anfänge einer Mehrfachnutzung der Landschaft und zunehmendes Aufkommen von Nutzungsinterferenzen.

Zu den Folgen gehört

– einerseits eine deutliche Verstärkung und Vermehrung der gesellschaftlich bewirkten Einflußnahme auf die bereits in der vorangehenden Etappe vom Landschaftswandel besonders betroffenen Komponenten der Naturraum-Ausstattung (Vegetation, Boden, Relief),
– andererseits eine umfassende Umgestaltung des Bestandes an Oberflächengewässern wie auch der Grundwasserverhältnisse und infolgedessen grundlegende Veränderungen des gesamten Landschaftswasserhaushaltes ausgedehnter Gebiete in Mitteleuropa.

Die Vielfalt der Impulse durch verstärkte und nunmehr allseitige Landnutzung verdeutlicht ebenso wie das Aufkommen vordem fehlender oder zumindest seltener Nebenwirkungen eine zuvor nie erreichte Komplexität der gesellschaftlichen Einwirkung auf Dynamik und Struktur der Landschaft. Im Ablauf des Landschaftswandels in der mitteleuropäischen Nacheiszeit wird deshalb der komplexe Landesausbau zum herausragenden Merkmal der Etappe zwischen karolingischer Zeit und 19. Jahrhundert.

2.2.3. Die industrielle Etappe

Die reichlich 100 Jahre umfassende industrielle Periode (etwa 1850–1950/60), eingeleitet durch eine Fülle von grundlegenden Erfindungen und Neuerungen der industriellen Revolution, ist in Mitteleuropa durch die volle Entfaltung kapitalistischer Produktionsverhältnisse gekennzeichnet. Damit einher geht eine sprunghafte Erhöhung des Anteils der Arbeiterklasse an der Gesamtbevölkerung, während der im primären Sektor (Nahrungsgüterproduktion) tätige Anteil von etwa zwei Drittel auf ca. 25–30% sinkt. Territorial entfalten sich, oft in erstaunlich kurzer Zeit, ausgesprochene Ballungs- oder Agglomerationsgebiete des Wohnens, des Produzierens und der Rohstoffgewinnung. Damit erreicht das in Ansätzen in der vorausgegangenen Periode entstandene „Stadt-Land-Gefälle“ ein wohl absolutes Extrem. Der immens ansteigende Rohstoffbedarf, darunter besonders der starke Rückgriff auf fossile Brennstoffe, bringt weitere sehr wesentliche Impulse mit sich, u. a. das Abproduktproblem.

Eine überblickartige Betrachtung der wichtigsten Flächennutzungsarten und ihrer Impulse möge die umwälzenden Veränderungen dieser Phase verständlich machen:

Das rasche Wachstum der Städte und die schnelle Herausbildung industrieller Ballungsgebiete führen erstmals zu großflächigen Oberflächenplombierungen, die etwa 5—7% der Industriestaaten erreichen, aber lokal konzentriert sind. An Größenordnungen wurden dabei Dimensionen von mehreren Mikrochoren erreicht und in Einzelfällen auch bereits überschritten. In gleicher Weise entfaltet sich der Bergbau auf fossile Brennstoffe, Erz u. a. mineralische Rohstoffe, wodurch eine weitere Form lokal konzentrierter intensiver Beanspruchung der Erdoberfläche, oft mit industriellen Ballungsgebieten kombiniert, aufkam. EISSMANN (1975, S. 188) gibt an, daß bis in die Gegenwart vom Braunkohlenbergbau im Leipziger Raum (Bitterfeld—Geiseltal—Böhlen) 500 km² Fläche in Anspruch genommen und dabei 25—30 km³ Bodenmassen bewegt wurden, was ein Mehrfaches dessen beträgt, das hier in der gesamten Spät- und Nacheiszeit, also in einem Zeitraum von ca. 15000 Jahren auf natürliche Weise umgelagert und weggeführt worden ist.

Die notwendige Kommunikation, eine markante Erhöhung des Personenverkehrs und eine geradezu explosive Erweiterung des Güterumschlages trugen zur Entwicklung des brennstoffgetriebenen Verkehrs zu Lande (Straßen, Bahnen), zu Wasser und in der Luft und zu einem adäquaten Trassensystem bei, das seitdem die Landschaften in hoher Dichte linear zerschneidet.

Mit der umfassenden Freisetzung fossiler Brennstoffe ging die Entfaltung der Chemie einher, die nun erstmals eine gewaltige Zahl synthetischer Substanzen produzierte und in Umlauf setzte, d. h. naturfremde Substanzen, die in der Regel nicht dauerhaft sind und früher oder später wieder über eine Kette von meistens naturfremden Ab- und Umbauprodukten letztendlich wieder ihrem Ausgangszustand in Form eines natürlichen Gleichgewichtes zustreben.

Die Wasseradern verlieren größtenteils ihre frühere Funktion als Energiespender. Größere wurden zu Verkehrsadern ausgebaut (mit entscheidenden Biotopveränderungen) sowie moderne Kanalbauten angelegt. Ansonsten dienten die Fließgewässer als Abwasserkloaken der Industrie- und Ballungsgebiete, bis, etwa um die Mitte dieser Epoche, Talsperren zur Deckung des steigenden Trinkwasserbedarfs vielfach erste Restriktionen für Fließgewässer erforderten.

Die Stillgewässer (besonders Teiche) behielten teils ihre Funktion bei, wurden teils aber auch, besonders gegen Ende dieser Periode hin, reduziert.

Die landwirtschaftlichen Flächen blieben in ihren Strukturen im wesentlichen erhalten, jedoch zeichnen sich auch hier eine Reihe von Eingriffsänderungen ab, die aber in ihrer Intensität gegenüber den o. g. gedämpft und allmählich verliefen oder bei größerer Intensität meist kleinflächig waren. Als wesentlichste Veränderungen sind zu nennen

- der begrenzte Einsatz chemischen Düngers (Kostengründe),
- die Einführung von im wesentlichen Gespann-gezogenen einfachen Maschinensystemen (z. B. Mähmaschine statt Sense) und, besonders in deren Gefolge,
- meliorative Eingriffe (z. B. Dränagen, kleinere Reliefmeliorationen) sowie
- eine allmähliche Krumenvertiefung (auf etwa 18–25 cm).

Die Waldareale erfuhren bereits bis zur ersten Hälfte des 19. Jahrhunderts verbreitet eine Umwandlung in forstliche Monokulturen, wobei das pro Flächeneinheit massereichste und auch in der Verarbeitung effektivste Nadelholz den Vorzug erhielt. Im Gefolge dessen entstand vielfach eine markante Monotonie der Wälder (die zwar ein zuvor oft chaotisches, ausgeplündertes Waldbild abgelöst hat) mit allen damit verbundenen Schadrisiken (z. B. Bruchschäden, Nonne, Borkenkäfer) und einer nunmehr etwa 150–200jährigen Rohhumusproduktion. In besonders attraktiven Waldgebieten kam die Erholungsnutzung auf (z. B. Elbsandsteingebirge), mit ihr auch ein Trend zur Erhaltung und Erschließung landschaftlicher Vielfalt (z. B. Tharandter Wald).

Als neues Problem tauchte im steigenden Maße der Anfall von Abprodukten auf, der aber hauptsächlich auf die Ballungsgebiete begrenzt blieb und dort zu ersten Umweltbelastungen führte, die die Größenordnung von Mesochoren erreichen.

Im Ergebnis dieser vielfältigen und tiefgreifenden Wandlungen und Impulse auf Naturraum und Landschaft verzeichnen wir somit

- ein partielle Plombierung oder völlige Umgestaltung der Erdoberfläche in Teilarealen der Territorien durch Städtebau, Industrie, Bergbau und Verkehr, wonach auf den betroffenen Flächen das natürliche Geschehen teilweise oder weitgehend außer Funktion gesetzt wird;
- eine starke Inanspruchnahme natürlicher Ressourcen (Erze, Rohstoffe, fossile Brennstoffe, Wasser), eine umfangreiche Freisetzung fossiler Energie, eine starke Chemisierung mit Einsteuerung eines großen Potentials naturfremder Substanzen in die Umwelt, einen stark anwachsenden Abproduktausstoß,
- eine rasch ansteigende Kommunikation (Handel, Transport) und mit dieser einhergehend eine zunehmende Mobilität der Bevölkerung (familiäre Bindungen streuen über größere Entfernungen; wachsendes Bedürfnis

nach Urlaubsaufenthalten außerhalb des Wohnbereiches; hinzu kommt Klein-/Schrebergartenwesen).

- Mindestens 90% der Territorien (besonders land- und forstwirtschaftliche Nutzfläche) behalten ihre Funktion bei und erfahren trotz mancherlei Eingriffen keine gravierenden Umbrüche, wohl aber Nivellierungen der natürlichen Standortvielfalt, im Bereich der Forsten induziert durch die überwiegende Nadelholzmonokultur, im Bereich der Landwirtschaft durch chemische Düngung, Melioration und technische Neuerungen (im wesentlichen unter Aufrechterhaltung der Schlagstrukturen) mit weiterer Stabilisierung der Krume.
- Die Standort- und Biotopvielfalt erfährt erste Nivellierungen und Restriktionen, worauf empfindliche Pflanzen- und Tierarten besonders reagieren. Es setzt ein sich allmählich steigender Rückgang der Artenverbreitung und Artenhäufigkeit ein (erste Naturschutzmaßnahmen!), der auch nicht durch den Zugang von Neophyten und „Neozoen" in den Ballungsgebieten kompensiert wird und zum Erlöschen spezialisierter Arten führt. Die stärksten Restriktionen scheint bereits in dieser Phase die Ichthyofauna der größeren Fließgewässer durch Ausbau der Wasserwege und durch Wasserverschmutzungen aufzuweisen (PAEPKE 1981).

2.2.4. Die *Etappe der wissenschaftlich-technischen Revolution*

Erst vor 25 bis 30 Jahren setzte in den Industriestaaten Mitteleuropas die wissenschaftlich-technische Revolution ein, die wiederum neuartige Folgewirkungen für den Landschaftszustand mit sich brachte. Deutlich ablesbar ist dies an einer fortschreitenden Verarmung der Tier- und Pflanzenwelt sowie einer zunehmenden potentiellen Gefährdung verbleibender Arten (vgl. z. B. für Farn- und Blütenpflnzen in Beispielgebieten HEMPEL 1978, RAUSCHERT, 1980 und ZIMMERMANN 1982, zum Bestand an Süßwasserfischen PAEPKE 1981).

Die wissenschaftlich-technische Revolution erfaßt als gesetzmäßiger Prozeß alle Wirtschaftszweige der Industriestaaten und folglich auch alle bewirtschafteten Naturräume bzw. Landschaften, d. h. es ist ein flächendeckender und revolutionierender Prozeß in der Auseinandersetzung mit der Natur, der darauf orientiert, mit einem Minimum an körperlicher Arbeit unter Einsatz von Automatisierung, Chemisierung, Nutzbarmachung neuer Energiequellen (z. B. Atomkraft) und neuer Systeme der gesellschaftlichen Teilung und Kombination der Arbeit der Natur ein bisher nie dagewesenes Maximum an Erträgen und Nutzen abzuringen. Auch, wenn dies seitens der Spezialisten unter Beachtung vorliegender Erkenntnisse geschieht, so bleiben Nebenwirkungen, besonders latente sowie komplexe Wirkungen durch die Überlagerung von Effekten aus verschiedenen Wirtschaftszweigen nicht aus — und darin besteht die gegenwärtige Problematik.

Betrachten wir den rezenten Landschaftswandel zunächst wiederum an Hand der wichtigsten Bewirtschaftungsformen, diesmal unter besonderer Berücksichtigung der Situation in unserem Lande:

Der Prozeß der Plombierung oder völligen Umgestaltung der Erdoberfläche ist nach Überwindung der Kriegszerstörungen weiter vorangeschritten und umfaßt z. Z. etwa 10% unseres Territoriums. Fast alle Ballungsgebiete habe sich vergrößert, die Neubauviertel beinahe aller Städte belegen häufig bisheriges Umland. Neue Industriestandorte und der Bergbau haben in gleicher Weise auf „offenes Land" ausgegriffen. Unser neues Bodennutzungsgesetz ist letztlich ein Ausdruck dieser Entwicklung, der zwangsläufig Einhalt

Tabelle 2

Energieverbrauch DDR nach Statistischem Jahrbuch 1982

Elektroenergie in KWh	Stadtgas in Mio m³	Benzin in 1000 Tonnen	Dieselkraftstoff in 1000 Tonnen
1955 28695 = 100%	2410 = 100%	895 = 100	707,7 = 100%
1967 59686	3550	1852	2693
1980 98808 = 344%	6203 = 257%	3333 = 372%	6119 = 864%

geboten werden mußte. All diese dauerhaft oder zeitweilig plombierten Areale sind dem Naturhaushalt teilweise oder überwiegend entzogen und fallen dementsprechend aus, was einer Reduzierung der natürlichen Potentiale gleichkommt.

Der Verbrauch an Elektroenergie, Stadtgas und Benzin ist, bedingt durch die mächtige Entfaltung der Produktion, des Lebensstandards und des Verkehrs, von 1955 bis 1980 um das 2,5- bis 3,5-fache, der an Dieselkraftstoff gar um das 8,4-fache angestiegen (s. Tab. 2).

Damit einher geht eine gebietsweise verstärkte sowie eine generelle Dauerbelastung der Atmosphäre, die sich z. B. in Smogbildungen bei Windstille, in Rauchschäden oder im sogenannten sauren Regen (derzeit gemessene negative Rekordwerte in Mitteleuropa bewegen sich um pH 2,0 — normal wäre etwa pH 5,6 —) bereits abzeichnet.

Die Kommunikation hat ein bisher nie dagewesenes Ausmaß erreicht, sowohl im Transport- bzw. Güterumschlagvolumen als auch in der Mobilität des Menschen. Mindestens zweimalig im Jahr wird nunmehr fast die gesamte Wohnbevölkerung über größere Entfernung hinweg mobil, wobei als Zielpunkt vornehmlich die sogenannten Rekreationsgebiete stehen, die dann ihrerseits zu zeitweiligen Ballungsgebieten werden und als einst nicht oder wenig belastete Gebiete einer starken Saisonbeanspruchung ausgesetzt sind.

Im Gefolge der stark aktivierten Chemisierung sind gegenwärtig (nach DRECHSLER und HACKENBERGER 1979) etwa 500000 chemische Substanzen in Anwendung, von denen 100000, d. h. jede fünfte, als potentielle Giftstoffe angesehen werden. Diese chemischen Substanzen sind nicht nur in der Industrie und im Haushalt allgegenwärtig, sondern haben nunmehr in der Landwirtschaft, im Gartenbau und zuletzt auch in der Forstwirtschaft als Biozide, als Mittel zur biologischen Prozeßsteuerung, als Defolianten, als Antibiotika und als Veterinärpharmaka eine generelle Verbreitung erlangt und wesentlich zur Erreichung und Stabilisierung hoher Erträge beigetragen. Inwiefern dies auch in der Zukunft noch in vollem Umfang der Fall sein kann, bleibt zumindest offen, denn die Fülle der Substanzen ist nicht mehr überschaubar, zumindest hinsichtlich von Komplexwirkungen derselben und ihrer Metabolik, hinsichtlich ihres Verhaltens bei unerwarteten Witterungsereignissen nach der Applikation sowie im Wasser, im Boden und letztlich in der Nahrungskette. Nach dem DDT mußten beispielsweise zuletzt auch die kupferhaltigen Sprühmittel Restriktionen erfahren, weil sie den Regenwurm im Boden dezimieren. Die Rückstandsproblematik der hochwirksamen Pflanzenschutzmittel in der Nahrungskette oder die gefahrlose Beseitigung hochkonzentrierter Restsubstanzen, wie sie z. B. bei der Reinigung der Geräte auftreten, mögen als weitere Beispiele den Umfang der Problematik nur andeuten.

Die Landwirtschaft hat neben der Chemisierung, wozu auch eine markante Erhöhung der Mineraldüngung gehört (so im Stickstoff um das 3–4-fache in 2 Jahrzehnten – s. Tab. 3), einen umfassenden Strukturwandel erfahren, der hauptsächlich von der Technisierung induziert wurde.

Als wesentlich sind zu nennen die Großschlagwirtschaft, der generelle Einsatz großer und schwerer Maschinensysteme, die Intensivviehhaltung mit dem Fäkalproblem, umfangreiche Meliorationen, der Intensivgemüse- und Intensivobstbau (s. Abb. 1), aber auch die Extensivierung von (oft aus Hangneigungsgründen) nicht maschinengängigen Nutzflächen. Damit sind zwangsläufig eine Fülle aktivierter Begleiterscheinungen verbunden, wie etwa die Zunahme der Bodenerosion (Erosion und Deflation), Bodenverdichtungen, Veränderungen im Wasserhaushalt und generelle qualitative Belastungen der Gewässer, erste Anzeichen von Ertragsstagnationen (MARKGRAF 1983), aber auch eine starke Biotopnivellierung mit entsprechendem biologischen Artenschwund einerseits, oder der Massenvermehrung resistenter Unkräuter andererseits.

Auch in den Forsten hat schwere und schwerste Technik Einzug gehalten, die besonders auf bindigen Böden und vernäßten Standorten nicht ohne Einfluß ist, aber auch Waldwegesysteme und Vorfluter betrifft. Zu der bereits primären Gefährdung der Nadelholzmonokulturen durch Sturm- und Schneebruchkatastrophen sowie Schädlingsinvasionen gesellten sich bereits in der 3. Generation, z. B. außerhalb des Fichten-Optimums, auf bestimmten Standorten auffällige Zuwachsverluste als erste Anzeichen schwer ergründbarer „Ermüdungserscheinungen". Schon im Industriezeitalter wurden die ersten lokalen Rauchschäden an Fichtenforsten bekannt (und in Waldtälern mit Dampfeisenbahnlinien siechte wenige Jahrzehnte nach dem Bahnbau die besonders rauchempfindliche Weißtanne dahin). Gegenwärtig erreicht die atmosphärische Belastung über Mitteleuropa aber bereits generell Werte,

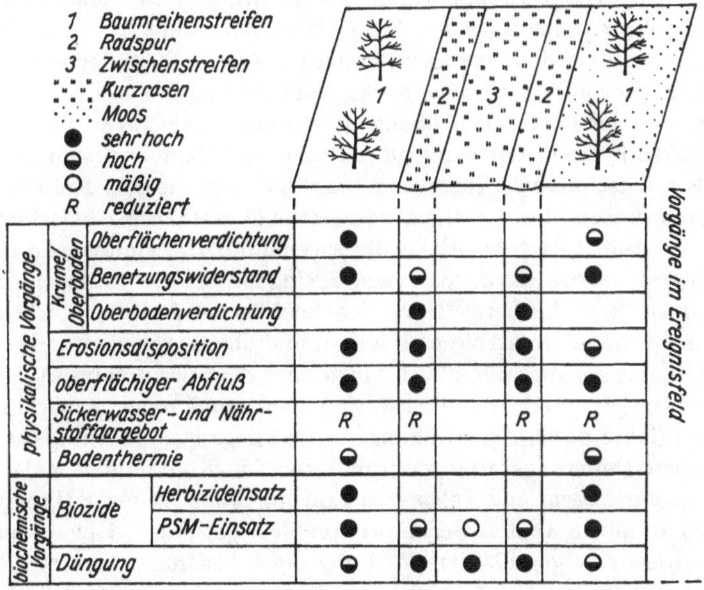

Abb. 1. Wirkungsmatrix LNF Intensivobst (Entwurf: BERNHARDT und BIELER; aus NEEF u. a., 1979, S. 26)

Tabelle 3

Verbrauch von N-Dünger in der Landwirtschaft in kg N je ha LNF (nach Statistischem Jahrbuch der DDR 1982)

	1960	1980		1960	1980
Niederlande	91,5	218,8	ČSSR	19,5	98,5
Dänemark	39,0	145,0	Ungarn	10,4	81,0
Japan	84,1	138,1	USA	5,6	24,0
BRD	43,8	120,6	UdSSR	1,5	14,9
DDR	36,7	119.9	Kanada	1,0	11,9

die eine immer weitergehende chronische Schädigung der Nadelholzforsten erwarten lassen, sowohl über die direkte Lufteinwirkung als auch über den trockenen und nassen „fall out“ und dessen Wirkung auf die Pflanzenoberfläche, in der Streu und im Boden, im Bodenwasser und im Wurzelsystem. Eine erhöhte Schädlingsanfälligkeit ist die notwendige Folge. Düngung und auch der Einsatz von Schädlingsbekämpfungsmitteln dienen der Stabilisierung, führen damit, zusammen mit dem Einsatz chemischer Substanzen zur Bekämpfung von Forstunkräutern und unerwünscht aufkommenden Begleithölzern letztlich zu einer zunehmenden Chemisierung auch der Waldflächen.

Hatten die Fließgewässer schon im Industriezeitalter markante Veränderungen erfahren (durch Ausbau für die Schiffahrt und von den Ballungszentren ausgehende Verschmutzungen), so zeichnen sich im Zeitalter der industriell-technischen Revolution weitere starke Veränderungen ab. Diese resultieren einerseits aus der erheblichen quantitativen und qualitativen Zunahme chemischer Absubstanzen mit längeren natürlichen Abbauvorgängen in den traditionellen Verschmutzungsbereichen, zum anderen aus dem Auftreten neuer Belastungsgruppen, die vor allem vordem nicht oder wenig belastete Kleingewässer weithin betreffen. Allein die sogenannte Haushaltchemie führte in den sechziger Jahren dazu, daß viele Kleingewässer mit geringer Selbstreinigungskraft (z. B. kleinere Bäche des Lößhügellandes) die dörflichen Abwässer nicht mehr verarbeiten konnten und ihren Fischbestand verloren. Gülle und Silagesäfte gesellten sich hinzu, und die Stickstoffauswaschung der Agrarflächen (30—50% der Stickstoffdüngung sind bisher nach Markgraf 1983 der Pflanze durch Auswaschung verloren gegangen) hat in Naturräumen mit geringem Pufferungsvermögen bereits zur NO_3-Kontamination des Grundwassers geführt. Seen- und Talsperren-Eutrophierung, ja sogar Hypertrophierung sind zu einem akuten Gegenwartsproblem geworden. Hinzu kommt die derzeit einsetzende gegenläufige Wirkung des sogenannten „sauren Regens“, die besonders in den Gebirgsregionen mit geringmächtigen und armen Verwitterungsdecken akut wird und eine Versauerung der Fließgewässer induziert und außerdem mit einer erhöhten Metall-Löslichkeit gekoppelt ist. Beide Faktoren schädigen die Fischlebewelt solcher Gebirgsgewässer (auch stehender) erheblich, u. U. bis zu Devastierung, auch, obgleich gerade diese Gewässer über ein sehr hohes natürliches Selbstreinigungsvermögen verfügen. Umfassende Meliorationen haben besonders das Netz kleinerer Fließ- und Stillgewässer erheblich verändert. Ausbaustrecken und Verrohrungen reduzierten Verweildauer, Biotopmanigfaltigkeit und das Selbstreinigungsvermögen solcher Fließgewässer. Viele kleinere Stillgewässer sind, da nur manuell pflegbar, als Störfaktoren in der Landschaft verschwunden, ganze Landstriche nahezu entvölkert von jeglichen Lurchen.

Ein weiteres Kennzeichen der industriell-technischen Revolution ist das

Entstehen von Extensivflächen, die teilweise oder völlig aus der Nutzung ausscheiden und derzeit statistisch in ihrer realen Größe kaum zu fassen sind. Es handelt sich vorrangig um Areale, die wegen zu hoher Hangneigung oder wegen Kleinflächigkeit aus der traditionellen Bewirtschaftung nicht übernehmbar waren, des weiteren um Abbauland, um Säume entlang von Verkehrstrassen und Gewässern, oder um Freigelände in vielen Industriebetrieben, bzw. anders ausgedrückt um Extensivwald, Extensivgrasland, Streuobstflächen, Ruderalflächen im weitesten Sinne und vielfach auch um Gewässersäume. Extensivland wird entweder teilweise bewirtschaftet (Extensivweide, gelegentliche Streuobsternte, sporadische Holzentnahmen), oder es ist generell ungenutzt, wobei Ruderalbereiche vielfach mit Herbiziden behandelt werden müssen, um die wild aufkommende Vegetation (z. B. an Verkehrstrassen) zurückzudrängen.

Die Anteile des Extensivlandes sind territorial differenziert. Im Bergland, so in Teilen des Thüringer Waldes, hat z. B. das Extensivgrasland auf steileren Hängen oder in schmalen Auen hohe Anteile. In den Hügelländern und z. T. auch im unteren Bergland findet sich, meistens an den steileren Hangleisten der Täler und Tälchen, vielfach naturnaher Laubmischwald, der oft aus einzelbäuerlicher Niederwaldwirtschaft hervorgegangen ist. Hinzu treten noch Reste von Streuobstflächen. Verbreitet sind die sogenannten Uferholzsäume entlang von Gewässerrändern. Neuerdings entwickeln sich auf rauchdevastierten Nadelholzflächen in den oberen Lagen des Erzgebirges natürliche Sekundärformationen mit Eberesche und Birke. All diese Extensivflächen streben, falls keinerlei Nutzung erfolgt, einem quasi-natürlichen Zustand zu, d. h. eine Entwicklung vom Grasland über Kraut- und Strauchformationen zum Buschwald und Wald. In solchen gewöhnlich gegenwärtig noch relativ wenig anthropogen beeinflußten Arealen finden sich meistens noch die geringste Kontamination und vielfach Rückzugs- und Erhaltungsgebiete von Tier- und Pflanzenarten, die an geeigneten Rändern oder im Inneren letzte Zufluchtstätten antreffen. Andererseits stellen diese Areale nutzbare, aber technisch-industriell noch nicht bewältigte Reserveräume dar.

Die an industriell-technische Flächennutzungen gebundenen Ruderalgesellschaften sind demgegenüber meist $\pm$ stark kontaminiert, so durch den verbreiteten und konzentrierten Einsatz von Herbiziden, durch Tausalze, Kfz-Abgase und -Abprodukte (z. B. Blei, Cadmium, Asbest) und durch die primär hohe Belastung in den Industrie- und Ballungsgebieten. Hier produzierte Biomasse empfiehlt sich deshalb in vielen Fällen nicht mehr für die Einbeziehung in die Nahrungskette, wird oft chemisch bekämpft, abgebrannt oder zum Verrotten niedergeholzt (z. B. an elektrifizierten Bahnstrecken), d. h. es wird Arbeits- und Kostenaufwand zur Niederhaltung derselben als normal empfunden. Aber auch hier gibt es Reserven, die erschließbar sind. So wäre es denkbar, Dämme und Einschnitte von elektrifizierten Bahntrassen, evtl. auch von Autobahnen, z. B. der Weihnachtsbaumproduktion zu erschließen.

Insgesamt gesehen müssen wir die Extensivflächen als teils wenig belastete Rückzugsgebiete für Tier und Pflanze, andererseits als wichtige und noch erschließbare Reservegebiete betrachten und daraus einen vernünftigen Kompromiß finden.

Der hier nur umrißartig skizzierbare Problemkreis der Auswirkungen der wissenschaftlich-technischen Revolution auf unsere Landschaften macht die am Anfang des Kapitels gegebenen wenigen Fakten verständlich und erlaubt zugleich allgemeine Feststellungen:

— Die gesellschaftlich induzierten Folgewirkungen in den Landschaften betreffen in diesem Zeitalter das gesamte Territorium und fast alle Formen der Flächennutzung in intensivierter und qualitativ neuer Form. Sie greifen über die „beweglichen Medien" (Atmosphäre, Wasser) weit über Landesgrenzen hinaus und erreichen regionische Dimensionen, nicht nur in Teilen der gemäßigten Zone (z. B. Mitteleuropa), sondern auch in anderen Klima- und Vegetationsgürteln der Erde (z. B. wechselfeuchte Tropen, ja sogar immergrüne tropische Regenwälder), d. h. sie erlangen gegenwärtig eine bereits nahezu globale Bedeutung.
— Ein generelles Merkmal ist die gewaltige Freisetzung und Beanspruchung natürlicher Ressourcen, so zur Deckung eines stark emporschnellenden Energiebedarfs (fossile Brennstoffe), zur Deckung der Rohstoffbasis von Metallurgie, Bauindustrie und einer allgegenwärtigen Chemie sowie eines adäquat ansteigenden Wasserbedarfs in allen Zweigen der Volkswirtschaft, der nunmehr ohne „Management" und Wiederaufbereitung schon nicht mehr gesichert werden kann.

Unsere erfolgreichen Sparmaßnahmen der letzten drei Jahre zeigen eindeutig, daß viele dieser Ressourcen in den vorausgegangenen Jahrzehnten hätten noch sorgfältiger genutzt werden können. Wenn gegenwärtig allein in unserem Land jährlich eine Stahloberfläche von etwa 3 Mill. km² (d. i. das 30-fache unseres Territoriums von 108000 km²) vor Korrosion, d. h. vor dem Übergang in das natürliche Beharrungsverhalten des Eisens, zu schützen ist (HARZBECHER 1981) und eine dementsprechende Fläche mit mehrfachen Belägen aus chemischen Schutzmitteln versorgt werden muß, dann ist dies nur ein beispielhaftes Detail des Ausmaßes von Folgen der industriell-technischen Revolution und ihrer Bedeutung für den Landschaftszustand.

Die gesellschaftlich induzierten Veränderungen sind selbst innerhalb einer Flächennutzungsform von großer Vielseitigkeit und damit von hoher Komplexität. Regelhaft werden beinahe alle Geofaktoren davon erfaßt:

— Benachbarte Flächennutzungsformen und erst recht Mehrfachnutzungen führen zu mannigfachen Überlagerungen von Ziel- und Nebenwirkungen und generell zu Interferenzproblemen, die in ihrer Vielfaltigkeit immer schwerer überschaubar werden.

- Die induzierten Landschaftsveränderungen und Reaktionen sind zeitlich von außerordentlich kurzfristiger Natur. In der Regel steht nicht mehr die Zeit zur Einpegelung auf ein neues Gleichgewicht zur Verfügung, weil bereits vorher neue Impulse wirksam werden.
- Naturräume mit allseitig oder einseitig geringem Pufferungsvermögen reagieren auf Veränderungen und Kontaminationen rascher als solche mit hohem Pufferungsvermögen. Umgekehrt bauen letztere einmal erhaltene Belastungen nur sehr langfristig wieder ab.
- Die Einflußnahme ist durchweg physikalischer und chemischer Art und somit stofflich im doppelten Sinne relevant. Beispielsweise wird das hohe physikalische und biochemische natürliche Selbstreinigungspotential der meisten Mittelgebirgsflüsse durch das begrenzte chemische Pufferungsvermögen der meisten Einzugsgebiete aufgehoben.
- Die Vielzahl, die Vielseitigkeit und die Größe industriell-technischer Anlagen führt dazu, daß sich Gefahrenmomente technischer Havarien vergrößern. Dies bedeutet in intensiv genutzten Territorien zugleich eine erhebliche Komplexität der Gefährdung.
- Als besondere Schwerpunktbereiche für Impulse zur Veränderung der Landschaft sind Vorgänge der Ballung und im biotischen Bereich die Monokulturen (im weitesten Sinne) anzusehen: Ballungsgebiete (Wohnstätten, Industrie und Energieerzeugung, Bergbau, Verkehr, jahreszeitlich bereits auch schon Rekreationsgebiete) setzen Teile der naturräumlichen Ausstattung (Geofaktoren) teilweise oder völlig außer Funktion und reduzieren so das Naturpotential. Sie sind des weiteren stets mit einem großen Ver- und Entsorgungskomplex verbunden, worunter besonders die Abproduktausstöße meistens Dimensionen annehmen, die ein weites Umland betreffen und gegenwärtig noch als vielfach unbewältigt angesehen werden müssen. Pflanzliche und tierische Monokulturen stellen die höchstentwickelten industriell-technischen Systeme der Biomasseproduktion dar und erbringen entsprechende Ertragsleistungen. Monokulturen der Phytomasseproduktion (z. B. Abb. 1) sind stets stark einseitig entwikkelte und „hochgetrimmte" Ökosysteme. Eine starke Reduktion des natürlichen Artenspektrums kann gleichsam als Bioindikation für die Labilisierung solcher Ökosysteme angesehen werden. Zeitweiliger oder kontinuierlicher Massenbefall von Schädlingen oder das Massenaufkommen schwer bekämpfbarer spezialisierter Unkräuter, aber auch hohe Anfälligkeit gegen Naturanomalien und -katastrophen sind eine notwendige Folge. Vielfach ist ein steigender Aufwand (z. B. an Pflanzenschutzmitteln und Pflege-

maßnahmen) notwendig, um der Labilität zu begegnen. Damit sind zahlreiche Anlässe für z. T. gewichtige Nebenwirkungen verbunden, die letztlich sogar die Gefahr einer ökologischen oder auch ökonomischen (wenn der Aufwand den Nutzen überschreitet) Destruktion heraufbeschwören können.
In der Zoomasseproduktion ist in den letzten Jahrzehnten die punkthafte Konzentration großer Tiermengen (Rind, Schwein, Geflügel, Fischmast) typisch geworden. Diese verlangt auch einen entsprechenden Ver- und Entsorgungskomplex, wobei besonders die Abproduktseite als ein noch nicht endgültig gelöstes Problem anzusehen ist. Ein aus ökonomischen Gründen begrenztes Umland muß auf die Dauer und unter allen Rotations- und Witterungsbedingungen hohe Fäkallasten (die zudem oft mit Wasch- und Desinfektionsmitteln, Antibiotika, und Veterinärpharmaka belastet sind) aufnehmen. Hinzu kommen Silosickersäfte aus der Futterbevorratung, gasförmige Stalluft-Emissionen (CO_2, H_2S, CH_4) — besonders bei KIM-Anlagen — oder beständig hoch beanspruchte Weidekomplexe (Jungvieh) sowie Hypertrophierungen von Gewässern (Fisch- und Entenmast).

— Durch die landesweite Intensivierung der Flächennutzung und -beanspruchung muß in logischer Konsequenz die Biotopvielfalt stark rückläufig werden. Am wenigsten betroffen sind noch die nichtruderalen Extensivnutzungen. An Pflanzenarten sind besonders solche mit geringen Nährstoffansprüchen, druck- und trittempfindliche Arten, Arten der Grund- und Stauwasserbereiche (durch Meliorationen), teils auch pflanzenschutzmittel-empfindliche Arten dem Konkurrenzdruck auf die Dauer nicht gewachsen und gehen rapide zurück. Ähnlich reagiert die Tierwelt, u. a. merklich auf die Reduktion des kleinflächigen Biotopwechsels, auf den Ausfall von Pflanzenarten, auf hydromeliorative Eingriffe und chemische Einflüsse aller Art (Endglieder der Nahrungskette, Wasserverschmutzung). Standortnivellierung und Artenschwund betreffen sogar eine nicht unerhebliche Zahl von Naturschutzgebieten, die teils durch Nachbarschaftseinflüsse (z. B. Eutrophierung, Rauch), teils wegen nicht Aufrechterhaltbarkeit ihrer ursprünglichen Bewirtschaftungsformen ihren bisherigen Gleichgewichtszustand verlieren, d. h. auf die Dauer, wenn überhaupt, dann nicht im vollen Umfang haltbar sind.

3. Generelle Tendenzen

Die vorstehend versuchte Übersicht über Folgewirkungen gesellschaftlicher Aktivitäten im Naturraum in bezug auf die Landschaftsdynamik in Geschichte und Gegenwart gestattet indessen nicht nur eine Unterscheidung wesentlicher

Entwicklungsetappen, sondern auch eine Ableitung übergreifender Entwicklungstrends. Für die prognostische Beurteilung künftiger Entwicklungstendenzen in der Landschaftsdynamik kommt ihnen eine erhebliche praktische Bedeutung zu.

Zunehmende Tendenz kennzeichnet in diesem Zusammenhang die Reichweite anthropogener Impulse und Wirkungen in der Landschaftsdynamik: Die punktuellen Einwirkungen des Menschen auf seine natürliche Umwelt im Zeitraum vor der agrarischen Revolution überschreiten die topische Dimension nicht. Dagegen führt bereits seit dem Neolithikum die Anlage von Anbauflächen für Feldfrüchte zu Ereignisfeldern, deren Ausdehnung im Verlaufe der folgenden Jahrtausende zwar ständigem Wechsel unterliegt, dabei aber insgesamt in einen mikro- bis mesochorischen Rahmen einzuordnen ist, wobei bereits lineare Fernwirkungen auftreten (Auelehmbildung). Zu einer zusätzlichen Ausweitung dieser Ereignisfelder kommt es im Ergebnis des mittelalterlichen Landesausbaus, der neben den Folgewirkungen neuer umfangreicher Entwaldungen für die Abflußverhältnisse vor allem in einem weiten Rahmen Eingriffe in das natürliche Gewässernetz (u. a. durch Mühlenstau) mit Konsequenzen für die Grundwasserverhältnisse sowie eine generelle Veränderung des gesamten Wasserhaushaltes mit sich bringt. Spätestens in diesem Zusammenhang nehmen anthropogen ausgelöste Wirkungsketten in der Dynamik der Landschaft ein Ausmaß an, das der makrochorischen Dimension entspricht. Die fortschreitende, aber vorerst räumlich noch konzentrierte Fremdstoffbelastung der Gewässer und besonders der Atmosphäre im Gefolge der industriellen Revolution (z. B. durch beginnende Rauchschädigung der Nadelwälder) leitet sogar zu einer regionischen Größenordnung der Ereignisfelder über, und mit der wissenschaftlich-technischen Revolution hat die Gegenwart endlich eine globale anthropogene Beeinflussung der Landschaftsdynamik erreicht (z. B. im Inlandeis der Polargebiete zunehmende Gehalte an Blei und DDT).

Mit der zunehmenden Reichweite verbindet sich eine zunehmende Totalität der anthropogenen Einwirkungen auf die Landschaftsdynamik, d. h. immer mehr Komponenten der Naturraumausstattung werden, und noch dazu im steigenden Maße, von diesen Einflüssen erfaßt. Beschränkte sich die anthropogene Einwirkung auf die Landschaftsdynamik unter den Bedingungen der agrarischen Revolution im Neolithikum zunächst auf Vegetation, Boden und Relief sowie ausnahmsweise (urgeschichtlicher Bergbau, z. B. auf Feuerstein) auch auf das Gestein, so erfolgt spätestens im Mittelalter eine generelle Intensivierung dieser Einflüsse sowie eine umfassende Einbeziehung der Hydrosphäre.

Mit der industriellen Revolution gerät auch die Lufthülle verstärkt in den Einwirkungsbereich anthropogener Impulse, und zwar nicht nur durch die fortschreitende Fremdstoffbelastung, sondern auch durch die Folgen fortschreitender Urbanisierung für die Strahlungs- und Abflußverhältnisse. So entsteht zunächst in urbanen Ballungsräumen ein anthropogen geprägtes Geländeklima, das sogenannte Stadtklima (z. B. LANDSBERG 1970).

Darüber hinaus bewirkt der Fortschritt in der Entwicklung der Produktionsinstrumente seit dem Beginn der agrarischen Flächennutzung einen fortschreitenden Ausbau der technischen Möglichkeiten anthropogener Einwirkung auf die Landschaftsdynamik. Dies führt zu einer Zunahme der Intensität der Impulse sowohl in bezug auf einzelne Komponenten der Naturraumausstattung als auch hinsichtlich ihres Wirkungsgefüges im Ökosystem bzw. in dem daraus hervorgehenden Geosystem.

Je mehr Komponenten der Naturraumausstattung durch gesellschaftliche Impulse verändert werden, desto mehr Wechselwirkungen zwischen anthropogen veränderten Eigenschaften und Prozeßabläufen sind zu erwarten, um so mehr wird das gesamte Wirkungsgefüge im Ökosystem und dieses selbst zu einem durch die anthropogenen Impulse gesteuerten Geosystem umgestaltet. Diese Umgestaltung ist Ergebnis einer zunehmenden Komplexität der gesellschaftlichen Einflußnahme auf die Landschaftsdynamik. Ein Ausdruck dessen ist die Zunahme von Nutzungsinterferenzen.

Je intensiver diese Einwirkungen sind, desto einschneidender sind auch ihre Folgen. Im gleichen Maße reduzieren sich die Voraussetzungen für eine natürliche Regeneration des Ausgangszustandes, d. h. als weitere deutliche Tendenz zeichnet sich eine zunehmende Tendenz zu irreversiblen Folgewirkungen anthropogener Impulse in der Landschaftsdynamik ab. Sie werden z. B. bereits im Ergebnis der urnenfelderbronzezeitlichen Entwaldung mitteleuropäischer Karstlandschaften im Gefolge eines intensiven Landesausbaues sichtbar (JÄGER & LOŽEK 1978, S. 218–220). Wie in den Mittelmeerländern hinterließ auch in Mitteleuropa die erstmalige Einbeziehung der Karsthänge in eine offenbar intensive Landnutzung einen für spätere Nutzung kaum noch geeigneten Zustand des Ereignisfeldes, das heute eine garigue-ähnliche Gebüschvegetation trägt. Hier zeigt sich erstmalig ein Zusammenhang, der für die Zeit seit der wissenschaftlich-technischen Revolution regionale Bedeutung erlangt hat: Dabei geht die fortschreitende Intensivierung der Landnutzung in Teilbereichen der Landschaft mit entsprechender Tendenz zur Extensivierung in anderen einher. Sie führt teils zu fortschreitender Ruderalisierung, teils aber auch zu einer Wiederannäherung von Biotop und Biocoenose an naturnahe Verhältnisse. Intensivierung wie Extensivierung der Landnutzung kann nicht ohne Konsequenzen für die Landschaftsdynamik bleiben.

Das naheliegende Ergebnis irreversibler anthropogener Veränderungen einzelner Komponenten der Naturraumausstattung wie auch ihres Wirkungsgefüges ist die Herausbildung völlig neuartiger Naturraumtypen in topischer und chorischer Dimension (vgl. auch RIEDL & WEICHHARDT

1980). Die von der Landnutzung durch die Gesellschaft ausgehenden Impulse im Naturraum betreffen also nicht nur die natürliche Dynamik einer Landschaft, sondern auch ihre Ausstattung in bezug auf Inventar und Struktur (Anordnungsmuster topischer Naturräume im chorischen Naturraumgefüge). So hat die Bodenerosion auf agrarischen Nutzflächen seit dem Neolithikum, wiederum in generell fortschreitendem Maße, zur Ablagerung von Klocksedimenten in Dellen und Auen geführt, wobei vormals andersartige naturräumliche Verhältnisse (z. B. Schotteraue, Moor) im tatsächlichen Sinne dieses Wortes sekundär sedimentär „verdeckt" oder „begraben" worden sind. Gleichartige Effekte zogen die Mühlenstaue des Mittelalters in zahlreichen mitteleuropäischen Bach- und Flußauen nach sich. Das nachfolgend entstandene Anordnungsmuster topischer Naturräume im Rückstaubereich der einzelnen Staustufen läßt gelegentlich ein derart hohes Maß an Regelhaftigkeit erkennen, daß sich deutlich ein weitgehend anthropogen gesteuerter Mikrochorentyp abzeichnet (Vollrath 1963, s. Abb. 2).

Ein ebenso kennzeichnendes Beispiel bietet die anthropogene Umprägung und Differenzierung, die im Ergebnis der seit dem Mittelalter vollwirksam gewordenen Plaggendüngung (Behre 1976) auf trockenen und armen Sandböden im nordwestlichen Mitteleuropa eine weite Verbreitung erlangt hat (Scheffer & Meyer 1963, S. 16). Sie entstand dort „auf Grund eines Bodennutzungssystems, das man als Konzentrationswirtschaft bezeichnen kann. Diese wurde ... bis zur Einführung der Mineraldüngung immer wieder geübt, weil die Basen- und Nährstoffarmut der Böden — selbst bei nur kurzfristiger Bodennutzung und den geringen Ansprüchen der damaligen Kulturpflanzen — zu einer Konzentrierung von Nährstoffen und Humus aus einer größeren „Entnahmefläche" (Wald, Heide) auf eine kleine, siedlungsnahe „Anreicherungsfläche" (Acker) zwang (s. Phosphatanalysen). Die Wege dieser Konzentration waren unterschiedlich (Pfeile in Abb. 3), sie vollzog sich unbewußt über die Viehhaltung und die Anreicherung der tierischen und menschlichen Nahrungsrückstände auf der hofnahen Siedlungskernfläche, bewußt und gezielt in Form der Plaggenwirtschaft, d. h. der Entnahme von Wald- und Heidestreuplaggen und Ausbringung auf die Ackerfläche mit und ohne Zwischenverwendung als Stalleinstreu. Diese Plaggenwirtschaft fand ihre stärkste Ausprägung in der Eschbodenkultur, bei der die Ackerflächen durch Aufbringung von Plaggen (bis zu 1,2 m) erhöht wurden" (Scheffer & Meyer 1963, a. a. O.).

Vorformen solcher Konzentrationswirtschaft sind im mittleren Elbegebiet bereits vor ca. 2 Jahrtausenden belegbar (Dobbrun, Kreis Osterburg, Altmark, Späte Latènezeit bis frühe römische Kaiserzeit, unveröffentlicht). Sie markieren die Anfänge einer nicht nur spontanen, sondern auch intentionellen, vom Menschen bewußt bewirkten Veränderung der naturräumlichen Ausstattung

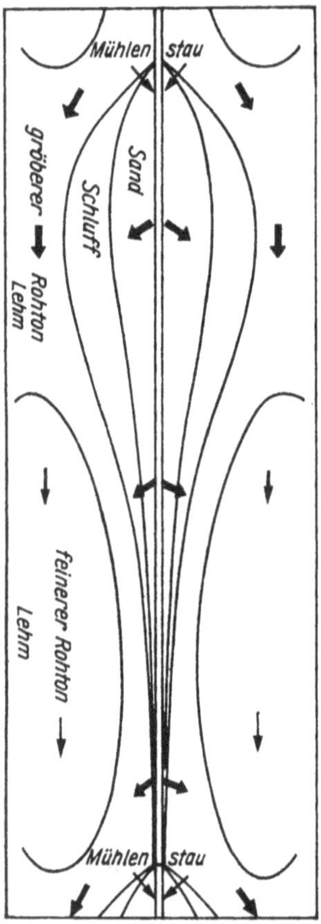

a)

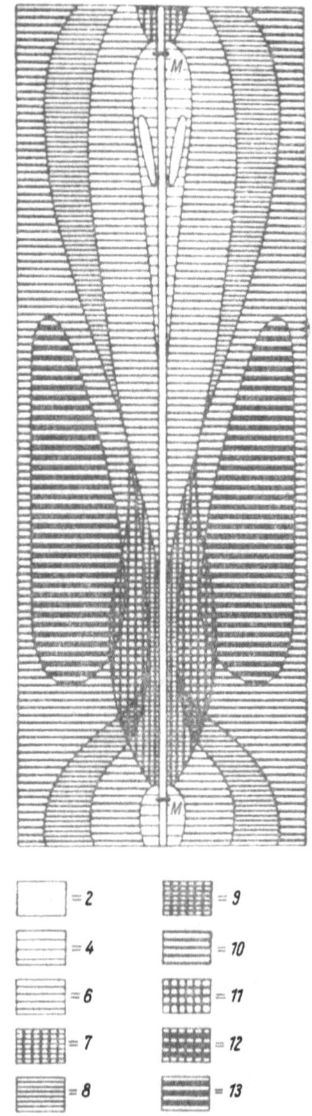

b)

Abb. 2a. Fließrichtung und relative Geschwindigkeit des Ausuferungs- und Hochwasserstroms sowie Sedimentation der hauptsächlichen Korngrößenklassen in der Itzaue in Abhängigkeit von den Mühlenstauen. Natürliche Größe: 1700 m × 600 m

Abb. 2b. Die Anordnung der wichtigsten Wiesengesellschaften in der Itzaue. Natürliche Größe: 1700 m × 600 m. M = Mühlenstaue; 2, 4 usw. = Vegetationseinheiten.

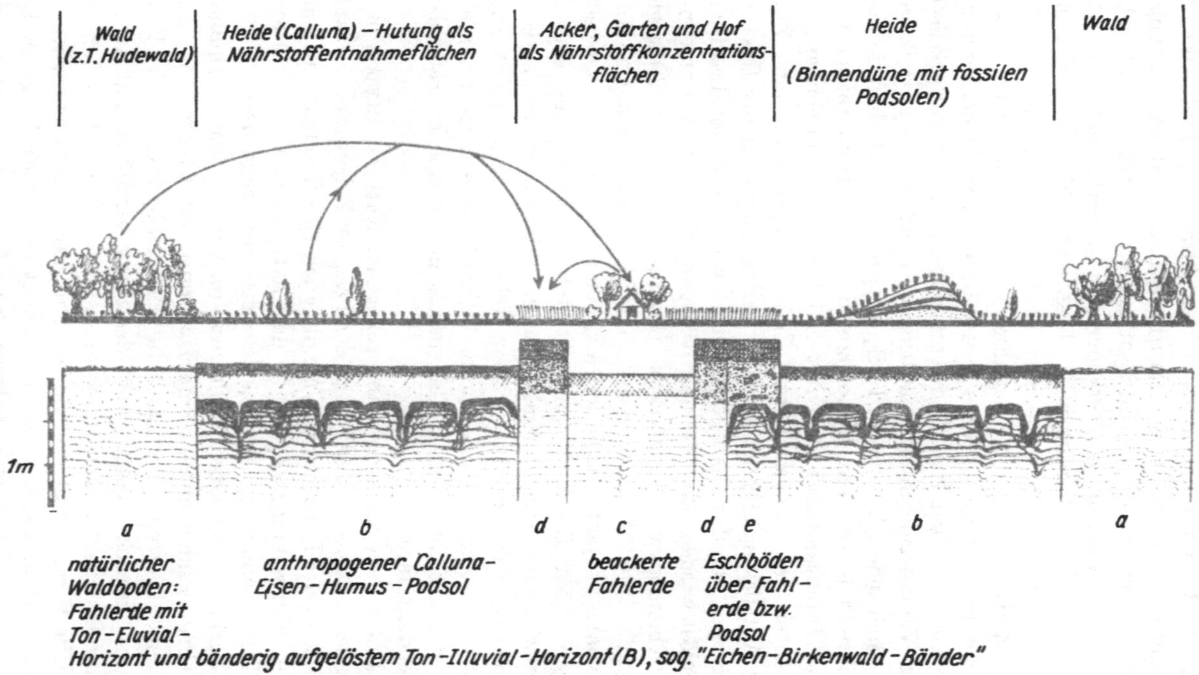

Abb. 3. Anthropogene Bodendifferenzierung und -vergesellschaftung auf Grund der Bodennutzungsform in den nordwestdeutschen Sandgebieten (Leitschema). Nach SCHEFFER & MEYER (1963, S. 16)

nach Inventar und Anordnungsmuster. Den bisherigen Endpunkt dieser Art anthropogener Eingriffe in die natürliche Landschaftsausstattung und -dynamik charakterisieren Halden und Restlöcher von Braunkohlentagebauen ebenso wie die stark anthropogen veränderten Standortverhältnisse urbaner Ballungsräume und ihrer Randbereiche (Billwitz 1977). Auch der Anteil intentioneller und gezielter anthropogener Veränderungen in der natürlichen Landschaftsdynamik ist in rascher Zunahme begriffen, was sich z. B. an der Entwicklung des Braunkohlenabbaues in der DDR während der letzten drei Jahrzehnte deutlich verfolgen läßt. Zu den erkennbaren Tendenzen gesellschaftlich bedingter Veränderungen der natürlichen Landschaftsdynamik gehört also offenbar auch eine abnehmende Spontanität landschaftsformender Prozesse. An ihre Stelle tritt eine zunehmende Intentionalisierung.

Zunehmende Intentionalität bedeutet in diesem Zusammenhang einen wachsenden Anteil der (beabsichtigten) Zielwirkungen sowie eine Zurückdrängung des Anteiles unbeabsichtigter Nebenwirkungen an der Gesamtheit der Folgewirkungen, die durch gesellschaftliche Eingriffe in den Landschaftshaushalt ausgelöst werden. Ein absoluter Rückgang der Nebenwirkungen muß damit nicht verbunden sein. Eher ist das Gegenteil der Fall, weil die gleichzeitig wachsende Intensität der gesellschaftlichen Einwirkungen auf die Landschaftsdynamik objektiv auch die Gesamtzahl der hierdurch ausgelösten Folgewirkungen erhöht. Die Konsequenz ist, daß sich im Verlaufe eines langwährenden Entwicklungsprozesses und dabei gerade in den letzten Jahrzehnten und Jahren das absolute Ausmaß solcher Nebenwirkungen rasant erhöhen konnte, obwohl ihr relativer Anteil an der Vielzahl gesellschaftlich ausgelöster Vorgänge im Rahmen der Landschaftsdynamik im gleichen Zeitraum bereits rückläufige Tendenz aufweist.

Neben der Entstehung neuartiger anthropogener Naturraumtypen in topischer und chorischer Dimension gehört zu den belegten Folgewirkungen anthropogener Impulse in der Landschaftsdynamik auch eine Tendenz zur Umkehr vorausgehender Entwicklungsabläufe in der naturräumlichen Ausstattung. Eine solche Tendenzumkehr liegt beispielsweise vor, wenn durch Bodenerosion das im Ergebnis bodenbildender Prozesse im Verlaufe von Jahrhunderten oder sogar Jahrtausenden entstandene Horizontprofil (Kopp 1969) an der Geländeoberfläche abgetragen und damit die Geländeoberfläche in den Zustand eines Rohbodens „zurückversetzt“ wird, der zuvor bereits einmal Ausgangspunkt örtlicher Bodenentwicklung gewesen ist. Smolíková & Ložek (1978) haben eine solche Veränderung von Boden- und Standortsverhältnissen unter anthropogenem Einfluß als retrograd bezeichnet (vgl. auch Jäger & Ložek 1978, S. 226). Während neuartige anthropogene Naturraumtypen vor allem für Akkumulationsräume kennzeichnend sind, lassen sich Vorgänge retrograder Boden- und Standortsentwicklung vor allem in erosionsanfälligen Teilbereichen der Landschaft beobachten. So konnte der gleiche anthropogene Impuls in der Landschaftsdynamik, nämlich die zunehmende agrarische Flächennutzung seit dem Neolithikum, sowohl die Bereicherung des regionalen Spektrums topischer und chorischer Naturraumtypen wie auch die Ausweitung retrograd veränderter Naturräume fördern, und dies häufig innerhalb der gleichen Catena.

Beide Tendenzen addierten sich in jahrtausendelangen Nebeneinander zu einer weiteren: Sie führten zu einer zunehmenden Diversität der gesamten naturräumlichen Ausstattung, welche — zusammen mit anthropogenen Bereicherungen des Artenbestandes in Flora und Fauna (nicht nur durch Nutzpflanzen und Haustiere, sondern auch durch Kulturfolger unter den „wild“ vorkommenden Arten) — zugleich zu einer erheblichen Steigerung der regionallen biotischen Diversität (Artenzahl und -streuung) beitrug. Diese Entwicklung hat offenbar im Zeitraum der beginnenden industriellen Revolution, d. h. zu Beginn des 19. Jh., ihren Höhepunkt erreicht. Während sich für die folgenden Jahrzehnte eher eine Stagnation in der Entwicklung der naturräumlichen (standörtlichen) und biotischen Diversität — und zwar mit Ansätzen zu rückläufiger Tendenz — abzeichnet, hat die wissenschaftlich-technische Revolution in bezug auf diesen Trend offenbar einer Entwicklungsumkehr zum Durchbruch verholfen; Maßnahmen der agrarischen und zunehmend auch der forstlichen Flächenbewirtschaftung, wie Bildung großer Schläge, Flurmelioration, verstärkte Technisierung und Chemisierung sowie — vor allem — eine ständig fortschreitende Intensivierung technischer Eingriffe bis hin zur faktischen Hydrokultur in der offenen Landschaft (vgl. Otto 1983) bewirken eine Nivellierung bestehender naturräumlicher Diversität.

Die Folge ist eine teilweise bereits unverkennbare Homogenisierung von ursprünglich deutlicher topisch differenzierten chorischen Naturräumen. Sie wird flankiert durch eine Verarmung von Flora und Fauna und wesentlich verstärkt durch die gleichfalls — qualitativ wie quantitativ — zunehmende Fremdstoffbelastung (vgl. Engst 1977) der Geosysteme.

Auch bei einzelnen Komponenten der abiotischen Naturraumausstattung führt die gesellschaftliche Einwirkung zu Tendenzen, die den Landschaftswandel über verschiedene Etappen hinweg begleiten und prägen.

So führt die Ausbreitung ackerbaulich genutzten Offenlandes bereits seit der agrarisch bestimmten Etappe nacheiszeitlichen Landschaftswandels zur Verstärkung und Ausweitung kontinentaler Tendenzen im Geländeklima (Offenlandklimate — „anthropogene Kontinentalität“ der sogenannten „Kultursteppe“), die in der mittelalterlichen bis frühneuzeitlichen Etappe des komplexen Landesausbaues verstärkt werden, aber durch die Einflüsse auf den Wasserhaushalt zumindest gebietsweise weiteren Einwirkungen unterliegen. Die Herausbildung und rasche Erweiterung urbaner Ballungsräume seit Beginn der industriellen Revolution setzt weitere neuartige Impulse mit größer werdendem Wirkungsbereich in Gang, da auf plombierten Flächen der Strahlungshaushalt extrem abgewandelt und überdies die Versickerung behindert und oft genug überhaupt unmöglich ist. In bezug auf das Geländeklima gibt sich also eine immer stärkere und vielseitigere gesellschaftliche Einwirkung durch die Herausbildung, Begünstigung und Erweiterung anthropogener „Inseln relativ erhöhter Kontinentalität" kund, die gegenwärtig bereits eine klimatische Differenzierung bewirkt (z. B. „Wärmeinseln" der Großstädte mit fast beständiger Dunstkalotte und aktivierten Konvektionsniederschlägen) und auch eine Veränderung der Abflußverhältnisse bewirkt.

Eine Tendenz erhöhter Abflußbereitschaft wird bereits zu Beginn der agrarischen Etappe gesellschaftlicher Einflußnahme auf den Landschaftshaushalt wirksam, in dieser Zeit zunächst begünstigt durch die Zurückdrängung der Wälder zugunsten des insgesamt und besonders in bestimmten Jahreszeiten abflußintensiveren ackerbaulich genutzten Offenlandes mit zeitweilig vermindertem Rückhaltevermögen. Für die Etappe des komplexen Landesausbaues seit dem Mittelalter hat DRIESCHER (1969) eine analoge Tendenz im Tiefland des nördlichen Mitteleuropa aus Veränderungen des Gewässernetzes abgeleitet, wozu vor allem der häufige Anschluß vorheriger Binnenentwässerungsgebiete an die Vorfluter zählt. Andererseits bedingen gerade in dieser Etappe Wasserstau und die bedeutende künstliche Ausweitung des Stillgewässerbestandes höhere Verweildauer, aber auch Verdunstungsraten des Wassers in der Landschaft. In der nachfolgenden industriellen Etappe kommt vor allem die fortschreitende Versiegelung urbaner Ballungsräume hinzu, und in der jüngsten Etappe seit der wissenschaftlich-technischen Revolution tragen besonders intensivierte Bewirtschaftsformen (BERNHARDT 1979; BERNHARDT & JÄGER 1981) sowie umfangreiche großflächige Hydromeliorationen zu einer weiteren Erhöhung der relativen Abflußquote bei. Dabei wird auch der Abflußverlauf zwangsläufig immer unregelmäßiger und ungleichmäßiger (JÄGER 1961).

Ebenso wie unterschiedliche Komponenten der Naturraumausstattung so lassen auch die einzelnen Etappen gesellschaftlich beeinflußten Landschaftswandels Besonderheiten erkennen. Diese zeigen sich zunächst bei vergleichender Gegenüberstellung ihrer Dauer, die mit Richtung auf die Gegenwart in nahezu logarithmischer Progression abnimmt. Sie umfaßt in Mitteleuropa

- die agrarische Etappe etwa 5000 bis 6000 Jahre,
- die Etappe komplexen Landesausbaues reichlich 1000 Jahre,
- die industrielle Etappe rund 100 Jahre,
- die Etappe der wissenschaftlich-technischen Revolution bisher nur etwa 25 bis 30 Jahre.

Letztere hat aber in der natürlichen Landschaftsdynamik bis zur Gegenwart bereits tiefere Spuren hinterlassen, als alle drei vorangehenden Etappen zusammen. Dieser Befund läßt den Grad fortschreitender Beschleunigung der gesellschaftlichen Einflußnahme auf den natürlichen Landschaftswandel deutlich werden.

4. Zusammenfassende Auswertung

Der Werdegang der gesellschaftlichen Einflußnahme auf den Landschaftswandel Mitteleuropas zeigt nach den bisherigen Recherchen vier wesentliche qualitativ verschiedene Etappen, die in immer kürzer werdenden Zeitintervallen aufeinanderfolgen und eine Reihe von Entwicklungstendenzen erkennen lassen. Diese Einsichten in die Retrospektive erscheinen geeignet, die Kenntnis und das Verständnis der Landschaftsgenese zu vertiefen, damit aber zugleich die Basis zu festigen, von der aus das rezente und prognostische Arbeitsfeld dieser hochwichtigen Thematik aktiviert werden kann.

4.1. Die beiden Etappen des vorindustriellen Zeitalters

Über alle Gesellschaftsordnungen und über alle Entfaltungsformen der Produktivkräfte hinweg war das menschliche Tun stets darauf gerichtet, mit den gegebenen Möglichkeiten der Natur ein Maximum an Nutzen abzuringen. Dieser immerwährende Prozeß umfaßt mit landschaftsverändernden Eingriffen zuerst einen langen vorindustriellen Zeitraum von in Mitteleuropa mehr als 6000 Jahren, der durch eine nahezu ausschließlich mechanische Einflußnahme auf die Landschaften gekennzeichnet ist.

Eine erste, über 5000 Jahre lange Etappe dieses Zeitraumes läßt sich durch rein agrare Tätigkeit kennzeichnen. In mehreren großen Rodungsphasen wurden die natürlichen Wälder zurückgedrängt. Die davon ausgehenden Impulse betrafen die Vegetationsdecke, den Boden, z. T. schon das Substrat und das Relief, und zumindest auch das Mesoklima (Offenlandklimate). In den heute als fast selbstverständlich empfundenen und weithin vorhandenen feinkörnigen sog. Auelehmsedimenten begegnet uns eine wesentliche Landschaftsveränderung jener Zeit, immer wieder ausgelöst durch starke Bodenerosionen nach jedem größeren Rodungsimpuls, und jeweils erst nach einer gewissen Stabilisierung der Krume abklingend. Die Klockauen zeigen die schon hohe lineare Reichweite bereits ur- und frühgeschichtlicher Impulse in der Landschaft und verifizieren gesellschaftlich induzierte Naturraumtypen. Dort, wo die agrare Rodung in Grenzräume der damaligen Nutzung gelangte, blieben diese teils nur kurzfristig (viele frühe Dauerwüstungen, heute z. T. unter Wald), teils mittelfristig (mitteleuropäische Karstlandschaften), teils aber auch, mit hohem Aufwand, dauerhaft (Vorformen der Plaggenwirtschaft) in der gewünschten Nutzung. Irreversible Folgewirkungen gesellschaftlicher Impulse jener frühen Zeit sind neben Auelehmbildungen auch die degenerierten mitteleuropäischen Karstgebiete, teilweise vielleicht auch bereits die extremen Ortstein-Podsole der Heide-Hutungen, des weiteren eine Reihe von anderen Bodenbildungen.

Die Produktivkräfte der Feudalzeit führten zu einem allmählichen, aber im Vergleich zur vorangegangenen Etappe doch wesentlich beschleunigten, kontinuierlichen komplexen Landesausbau, d. h. zu einer weitgehenden Gesamtbeanspruchung der Territorien durch die menschliche Gesellschaft. Maßgeblich hierfür war die Entfaltung des Handwerks, des Erzbergbaues und schließlich die Gründung der meisten Städte sowie über diese die Entwicklung von Gewerbe, Manufaktur und Merkantilismus. Damit schied nach und nach ein Drittel der Bevölkerung aus der Primärproduktion aus. Der steigende Energiebedarf wurde zunächst durch den Wald, bald aber zunehmend durch Wasser- und auch Windkraft abgedeckt. Die Kleinheit der Städte, die Streuung der Manufaktur (Wasserkraft) und der sich entfaltende einfache Verkehr führten im allgemeinen höchst selten zu Landschaftswandel. Hingegen schreitet ein solcher auf nahezu allen anderen Flächennutzungsformen in meist qualitativ neuen Intensitäten voran.

Der agrarische Landesausbau fand im Mittelalter mit nochmaligen großen Rodungsphasen (7.—9./10. Jh., 11. u. 12. Jh.) und Spätrodungen (16.—18. Jh.) im wesentlichen seinen Abschluß, wobei sich in etwa anteilig weitgehend das heutige Wald-Offenland-Verhältnis herausbildete. Zugleich erfuhr der Feldbau Intensivierungen verschiedener Art (Wendepflug, Fruchtfolge und Dreifelderwirtschaft, neue Fruchtarten), die es einerseits überhaupt erst ermöglichten, die Rodung in bisher nicht beherrschbare Naturräume vorzutragen, andererseits den Nahrungsbedarf der nichtländlichen und der insgesamt ansteigenden Bevölkerung abzudecken. Für den Landschaftswandel bedeutet dies eine räumliche Erweiterung aller Offenlandimpulse. Zugleich erfolgte mit fortschreitender Zeit eine Stabilisierung der Nutzungs-Strukturen, aber auch der Krume.

Die verbliebenen und zunächst naturnahen Wälder erfuhren durch gezielte Entnahme begehrter Hölzer und vielerlei Nebennutzung (z. B. Streu, Waldhutung, hoher Wildbesatz für die Belange des Feudaladels) eine gebietsweise zwar differenzierte, aber generelle Ausplünderung und Degradation, der schließlich durch eine geregelte Forstwirtschaft ein Ende gesetzt werden mußte. Erosionsimpulse in Hanglagen, aber auch großflächige Vergrasungen mit starken Auflage-Vernässungen bei geringer Hangneigung sind für das Endstadium jener Entwicklung vielerorts belegbar und dokumentieren einen weiteren Landschaftswandel.

Gebietsweise bedeutsam wurde der historische Erzbergbau mit mannigfaltigen Impulsen und bleibenden Veränderungen.

In ihren Ausmaßen wohl am gravierendsten müssen die Einwirkungen auf das Gewässernetz und damit auf den Wasserhaushalt angesehen werden, und nicht wenige Eingriffe jener Zeit sind noch heute von Bedeutung. Als wesentlicher Energiespender, als Transportmittel, mit bedeutsamen Beiträgen zur Sicherung der Ernährung, als Schutzfaktor und zu weiteren Zwecken erlangte das Wasser höchste Bedeutung. Wasserstaue, Kunstgräben und Kanäle kennzeichnen das direkte Einwirkungsspektrum auf die Fließgewässer. Die Stillgewässer erfuhren durch Teichanlagen aller Dimensionen eine gewaltige Bereicherung, wobei lokal regelrechte Teichlandschaften entstanden. Hinzu kamen diverse Einflußnahmen auf natürliche Seen. Im Bereich der Niederungen, Moore und Flachküsten setzten verbreitet meliorative Neulandgewinnungen ein. All diese Eingriffe haben die Wasserhaltung für Oberflächengewässer und Grundwasser in vielen Gebieten nachweisbar stark erhöht, in Naßbereichen hingegen oft reduziert. Hieraus resultieren auch Einflüsse auf die Verdunstung und Luftfeuchte. Enorm war die Bereicherung der ökologischen Diversität im aquatischen und subaquatischen Lebensraum.

In beiden Etappen des vorindustriellen Zeitalters werden von der menschlichen Gesellschaft kaum naturfremde Substanzen in den Stoffkreislauf eingesteuert, und es kommt folglich nicht zu systemfremder Dynamik. Sie enden mit einem $\pm$ flächenbedeckenden komplexen Landesausbau, wodurch die meisten natürlichen Standorte von sehr verschiedenartigen Nutzungsformen eingenommen werden. Hinzu kommen neue, durch anthropogenen Landschaftswandel entstandene Ökotope und Naturräume. Im Verein mit einem breiten Kulturpflanzenspektrum, Kulturfolgern und ersten Ruderalgesellschaften sowie langer Zeiträume für die Einpegelung neuer Gleichgewichte wird somit gegen Ende dieser Entwicklung hin ein absolutes Maximum an landschaftlicher Diversität erreicht, das sich in einem adäquaten Reichtum des Artenbestandes an Flora und Fauna wohl am deutlichsten widerspiegelt.

Trotz der zwar zunehmenden, im Vergleich zur Gegenwart aber begrenzten Reichweite, Totalität, Intensität und Komplexität gesellschaftlicher Einwirkungen auf Naturraum und Landschaft kommt es dabei bereits zu irreversiblen Folgewirkungen sowie zur Herausbildung einer ganzen Reihe von neuartigen gesellschaftlich induzierten Naturraumtypen.

4.2. Das industrielle Zeitalter

Der etwa 100jährige industrielle Zeitraum setzt ein umfangreiches Potential neuartiger Produktivkräfte und Produktionsmittel in Bewegung, wobei die Entfaltung einer vielseitigen Industrie Brennpunkt dieser Entwicklung wird und der Anteil der in der Primärproduktion Beschäftigten auf reichlich ein Viertel der Beschäftigten sinkt. Das entstehende Stadt-Land-Gefälle unterstreicht diese Tendenz. Die sich bildenden städtischen und industriellen Ballungsgebiete werden zu dynamisch hochkomplexen Räumen, in denen Totalität und Intensität der Eingriffe und Veränderungen zu großer Tragweite gelangen. Hierzu gehört auch ein entsprechender Ver- und Entsorgungskomplex sowie der Rückgriff auf bisher wenig angetastete Naturressourcen, die entweder unersetzbar sind (fossile Brennstoffe, Erze u. a. mineralische Rohstoffe) oder nur begrenzt regenerierbar zur Verfügung stehen (Wasser). Neuartig ist die einsetzende Chemisierung, die aber in ihrer Anwendung und mit ihren Folgewirkungen vorerst vorrangig auf die Agglomerationsgebiete beschränkt bleibt.

Demgegenüber wird das übrige Territorium (Wald/Forsten, Agrarland) in diesem Zeitraum noch deutlich weniger intensiv von der industriellen Entwicklung berührt. Selbst die Landwirtschaft bleibt trotz begrenzter Mineraldüngung, Einführung einfacher Maschinen und meliorativer Eingriffe relativ konservativ, so in der Verwendung des Pferdes als überwiegender Zugkraft, in der manuellen Nutzung jeder Kleinfläche, im Anbauverhältnis und in der Viehhaltung. In der Stabilisierung der Krume, aber auch in der Forstwirtschaft (System Krutzsch) zeichnen sich sogar Prozesse und Vorgänge ab, die zunächst zu einer ökologischen Anpassung in der Produktion führen.

Das auffällige Stadt-Land-Gefälle des Industriezeitalters wird somit auch zu einem charakteristischen Landschaftsgefälle. Der arealmäßig weitaus größte Teil der Industriestaaten, die land- und forstwirtschaftliche Nutzfläche, unterliegt einem nach Art, Intensität, Totalität und Komplexität weitaus geringerem Impulsstoß, der noch dazu vergleichsweise zeitlich langsam und individuell (z. B. arme und reiche Bauern) differenziert erfolgt. Deshalb erfährt hier die landschaftliche Diversität auch nur eine geringe Einbuße oder zeigt nur partiell deutliche Trends in dieser Richtung. Die Agglomerations- und Exploitationsgebiete sowie deren Umland und Ver- und Entsorgungsstränge, die z. T. neu entstehen und beachtlich intensiviert werden, erfahren demgegenüber eine revolutionierende Veränderung. Konzentrationsbereiche vielseitiger Landnutzung bieten das Bild mittel- bis großflächig $\pm$ plombierter bzw. völlig veränderter Landschaften, in denen mehrere Faktoren der naturräumlichen Ausstattung teilweise oder völlig außer Funktion gesetzt werden. Die Ablast dieser Konzentrationsgebiete, besonders über das Wasser und über die Luft, löste erste komplexe, aber zunächst noch engräumig lokalisierte Umweltprobleme aus (z. B. verschmutzte Flüsse, Smog, erste Rauchschäden an Nadelgehölzen), wobei die Aktivierung fossiler Brennstoffe und die Chemisierung mit der Freisetzung naturfremder Substanzen (sogenannte Fremdstoffe im Sinne von Engst 1977) qualitativ neue Impulse lieferte. Hinzu kommt die beginnende

„Labilisierung" der Bevölkerung dieser Gebiete mit dem Trend nach Aufenthalt „im Freien" (Urlaubsverhalten, Kleingartenbewegung) und dem Drang nach landschaftlicher Diversität.

4.3. Die Etappe der wissenschaftlich-technischen Revolution

Die gegenwärtige erst 25 bis 30 Jahre währende wissenschaftlich-technische Revolution hat die Entwicklungen der industriellen Revolution wiederum umwälzend weiter forciert, und, mit Ausnahme der in ihrem Gefolge bisher sekundär entstandenen Extensivnutzungen, vor allem zugleich auch auf das gesamte Territorium der Industriestaaten ausgeweitet. Zur Sicherung dieser Entwicklung war es notwendig, den Stoffdurchsatz, den Verbrauch an Roh- und Brennstoffen und Wasser, um ein Vielfaches zu steigern; des weiteren erfuhren Zahl, Menge und Einsatzfelder chemischer Substanzen eine enorme Erweiterung, manuelle und tierische Produktionskraft wurde weitestgehend von der Technik abgelöst. Auch der Abprodukt-Ausstoß erhöhte sich adäquat.

Damit wachsen automatisch die in die Landschaft eingegebenen Impulse um ein Vielfaches, wobei nunmehr nicht nur das gesamte Territorium räumlich betroffen ist, sondern zudem die Impulsfrequenz zeitlich immer kürzere Intervalle aufweist. Zu der allgemeinen Intensivierung tritt noch die Konzentration, die Spezialisierung und die Melioration im Offenland hinzu. Jede größere Intensivviehanlage ist in ihren Ablasten einer größeren Mittelstadt adäquat, und alle neu entwickelten Spezialkulturen stellen in der Regel hochbelastete Intensivflächen dar, die nur unter den Bedingungen eines hohen Düngungs- und Pflanzenschutzmittelaufwandes im Gleichgewicht zu halten sind.

Mit dem nunmehr landesweit um ein Vielfaches erhöhten Technikeinsatz und Stoffdurchsatz der einzelnen hochspezialisierten Wirtschaftszweige werden die entsprechenden Ablasten und Belastungen allgegenwärtig und durchdringen die Landschaften in einem kaum entwirrbaren Komplex, und es kommt zwangsläufig zu Interferenzerscheinungen, die nicht selten schon zur „Entweder-Oder-Frage" führen.

Die Totalität, Intensität und Komplexität dieser Vorgänge führt notwendigerweise zu einer drastischen Homogenisierung und Nivellierung der zu Beginn des 19. Jahrhunderts wohl größten landschaftlichen Diversität, deren Tragweite der gegenwärtige empfindliche Rückgang an Pflanzen- und Tierarten signalisiert. Kamen im vorindustriellen Zeitalter bereits größere lineare Reichweiten anthropogener Impulse in der Landschaft zustande (Kloakablagerungen) und folgten im Industriezeitalter verbreitete und komplexe, aber räumlich auf und um die Ballungsgebiete fleckenhaft konzentrierte areale Reichweiten hoher Beanspruchung, so sind nunmehr die Reichweiten der induzierten Impulsfelder, bes. über die beweglichen „Medien" Luft und Wasser, allgegenwärtig, auch über Ländergrenzen hinweg, d. h. territorial bis regional wirksam, wobei gegenwärtig aber noch von räumlich differenzierten Intensitäten gesprochen werden kann.

Aus den immer kürzer werdenden Zeitintervallen umwälzender Impulse für den Landschaftswandel resultieren wesentliche Momente für die Gleichgewichtsentwicklungen in den Landschaften, denn je kürzer die Zeitabstände induzierter Impulse aufeinander folgen, umso geringer sind die Chancen für ausreichende Zeiträume zur Einpegelung auf natürliche Gleichgewichte, umso größer wird die Tendenz zur Labilität und damit zum Risiko für die Ökosysteme, auf die wir angewiesen sind (SINJAK & DAWIDENKO 1984).

5. Nachwort

Gewollter und ungewollter Wandel von einzelnen Geofaktoren oder gar ganzer Landschaften ist ein akutes Gegenwartsproblem geworden, dem große Aufmerksamkeit geschenkt werden muß, denn damit sind Veränderungen des natürlichen Potentials verbunden, das als Grundlage der gesellschaftlichen Existenz anzusehen ist („der Ast, auf dem wir sitzen").

Tempo und Vielgestaltigkeit rezenten Landschaftswandels, hervorgerufen durch die außerordentlich breite und schnelle Entfaltung der Produktivkräfte und der Produktionsmittel des wissenschaftlich-technischen Zeitalters, ist die eine Seite, die unterschiedliche Reaktion verschieden gearteter Naturräume auf gleiche Beanspruchungen ist eine zweite Seite, und die Interferenzen in einem vielseitig und hoch beanspruchten Territorium stellen einen dritten Problemkreis dar. Sie alle aber wirken im Komplex. Will man die Reich- und Tragweite solcher Dynamik in den Griff bekommen, so ist das letzthin nur mit Hilfe der gesamten Gesellschaft möglich.

Alle Wirtschaftszweige, alle Wissenschaftsdisziplinen und alle Bürger müssen integriert sein. Eine ökologische Anpassung in der Produktion (PAUCKE & BAUER, 1979, 1980 sprechen von einer „Ökologisierung der Produktion") und das 1984 erschienene Lehrbuch „Ökonomie und Ökologie" (Hrsg. D. GRAF) dokumentieren, ebenso wie eine Fülle gesetzlicher Maßnahmen, daß die Problematik erkannt ist und angegangen wird. Der physischen Geographie, die sich mit der Erdoberfläche, dem Durchdringungsraum von Wasser, Luft und Boden/Gestein sowie mit seiner biotischen und dinglichen Erfüllung, oder — schlechthin gesagt — mit der Landschaft beschäftigt, obliegt hierbei die Aufgabe, die Komplexität der Erscheinungen und Veränderungen in der Landschaft zu sehen und zu erfassen und sich dabei der Erkenntnisse aller beteiligten Wirtschaftszweige und Wissenschaftsdisziplinen zu bedienen, evtl. auch auf die Notwendigkeit der Bearbeitung bestimmter Fragen aufmerksam zu machen.

Die materiellen Gesetzmäßigkeiten der Landschaft führen ob ihres sehr hochkomplexen Regelmechanismus dazu, daß nahezu alle gewollten Landschaftsveränderungen Nebenwirkungen nach sich ziehen, und zwar um so mehr, je weniger sie interdisziplinär vorbereitet sind. Nahezu jede Einzelmaßnahme im Naturraum löst Nebenwirkungen aus, die primär nicht vorgesehen waren. Eine besondere Eigenart des geographischen Komplexes besteht darin, daß ungewollte Neben- und Schadwirkungen oft erst dann erkannt werden, wenn die Wirkungsmechanismen schon weit vorangeschritten sind, d. h. das Schadbild hinkt auf Grund der Stabilität des Systems dem Schadvorgang und der Schadintensität zeitlich mehr oder minder stark hinterher. Labile Systeme reagieren im allgemeinen kurzfristiger, dann aber auch oft radikaler. Daher ist die Korrektur einmal induzierter Vorgänge in vielen Fällen so kompliziert und langwierig.

Die beweglichen „Medien" der Landschaft, die Atmosphäre (speziell die untersten Hektometer) und das Wasser (besonders das Oberflächenwasser) reagieren auf positive und negative Veränderungen besonders spontan und vermitteln ob ihrer Beweglichkeit erhaltene Impulse u. U. sehr schnell über größere Entfernungen, d. h. sie haben ein expansives Momentverhalten.

Demgegenüber reagieren Boden/Substrat und Relief (im gewissen Umfang auch das Grundwasser, vor allem mit zunehmender Tiefe) allmählicher, teils sogar sehr langsam und vermitteln über nur geringe oder überhaupt nicht über horizontale Entfernungen, d. h. sie haben ein relativ stationäres Zeitverhalten. Das hat Vorteile hinsichtlich der Pufferung und des Nachbarschaftsverhaltens, aber auch Nachteile hinsichtlich der Reversibilität erhaltener negativer Impulse.

Der Bios der Erdoberfläche, auf beide Gruppen angewiesen, nimmt zwangsläufig eine Zwischenstellung ein. Wenn aber die Pflanzen- und Tierwelt gegenwärtig mit einem so auffälligen Individuen- und Artenschwund reagiert, dann dokumentiert sie die außerordentlich hohe Intensität von Veränderungen in unseren Landschaften.

Die Brisanz der Nadelholzmonokulturen und damit der Holzbevorratung der Zukunft, die angespannte Wasserhaushaltsbilanz und Fragen der Wasserqualität, die Rückstandsproblematik in der Nahrungskette, diverse Erscheinungen von Bodendegeneration, Luftbelastungen und aktivierte Korrosion, sind zusammen mit dem Artenschwund an Pflanze und Tier wesentliche Probleme des Landschaftswandels der Gegenwart.

Diese Entwicklungen bremsen zu helfen, zur „Ökologisierung der Produktion" beizutragen, und dies aus der komplexen Sicht des Faches heraus, ist gegenwärtig die vornehmste und humanistische Hauptaufgabe der Geographie. Wir wissen, es gibt in der industriell-technischen Entwicklung kein Zurück, aber wir wissen auch, und die letzten Jahre haben es gezeigt, es gibt viele Möglichkeiten sinnvoller Einsparung von Material, Energie und Wasser sowie der

Reduzierung des Abproduktausstoßes, es gibt bessere und effektivere Anpassungen der Produktion an die Gegebenheiten der einzelnen Landschaften und ihrer Potentiale, es gibt Reserven, die erschließbar sind, aber technisch einfach bisher nicht bewältigt wurden, und es gibt die Möglichkeit, jeden Bürger und jeden Werktätigen zu entsprechenden Arbeits- und Lebensgewohnheiten zu motivieren.

Die Autoren glauben, mit diesem Beitrag auch im Sinne von ERNST NEEF zu wirken, der nach eigener jahrzehntelanger erfolgreicher Tätigkeit als Geograph, wie für andere, die heute seinen Spuren folgen, erst jüngst die wissenschaftliche Aufgabenstellung für jedermann verständlich wie folgt formulierte: „... für mich hat die Geographie nur ihren Sinn darin zu suchen, daß sie etwas an Erkenntnissen, an Einsichten, an Urteilsfähigkeit und Entscheidungssicherheit bieten kann, das die Probleme des Lebens der Menschen und ihrer organisierten Gesellschaft leichter zu bewältigen gestattet, bessere Lösungen nahelegt und offenkundige Schäden und Belastungen vermindern hilft. Daß die Geographie in ihren Einblicken in Struktur und Dynamik der Lebensräume und der Bewegungsfelder hierfür unentbehrliche und daher exzeptionelle Beiträge liefert, ist jedem einsichtig, der erfahren hat, daß mit Einzelkenntnissen bei Problemen, die hohe Komplexität, also einen hohen inneren Verknüpfungsgrad aufweisen, keine wirkliche Lösung zu finden ist" (NEEF 1980, S. 32).

Literatur

BEHRE, K.-E.: Beginn und Form der Plaggenwirtschaft in Nordwestdeutschland nach pollenanalytischen Untersuchungen in Ostfriesland. — Neue Ausgrabungen und Forschungen in Niedersachsen **10**, S. 197—224. Hildesheim 1976.

BERANOVÁ, M.: Zemědělství starých Slovanů [Die Landwirtschaft der Alten Slawen]. Praha 1980.

BERNHARDT, A.: Eine Fallstudie: Flächennutzungswandel mit der Bildung einer kooperativen Abteilung Obstbau. In: E. NEEF u. a., Analyse und Prognose gesellschaftlicher Aktivitäten im Naturraum (Abh. d. Sächs. Akad. d. Wiss., Math.-naturwiss. Kl. 54, 1), S. 18—30. Berlin 1979.

BERNHARDT, A.: Veränderungen im Landschaftsbild durch eine technische Neuerung — die Grasmähmaschine. — Erzgebirgische Heimatblätter **3** (3), S. 65—68. Plauen (Vogtl.) 1981.

BERNHARDT, A. & JÄGER, K.-D.: Zur aktuellen Landschaftsdynamik auf Intensivobstanbauflächen. — Abhandlungen und Berichte des Naturkundemuseums Görlitz **54** (7), S. 83—87. Leipzig 1981.

BESCHOREN, B.: Über alluviale Neubildungen in historischer Zeit im Gebiet von Elbe und Oder. — Jahrbuch der Preußischen Geologischen Landesanstalt zu Berlin **55** (1934), S. 292—304. Berlin 1935 (a).

BESCHOREN, B.: Zur Geschichte des Havellandes und der Havel während des Alluviums.

— Jahrbuch der Preußischen Geologischen Landesanstalt zu Berlin 55 (1934), S. 305—311. Berlin 1935 (b).

BILLWITZ, K.: Theoretische und methodische Probleme der Erfassung des landeskulturellen Zustands des Territoriums unter besonderer Berücksichtigung der Stadtrandzone von Halle und Leipzig. — Unveröff. geograph. Diss. (B), Martin-Luther-Univ. Halle u. Wittenberg, Halle/Saale 1977 (Autorreferat in: Geographische Berichte 93, S. 261, Gotha und Leipzig 1979).

DEUBLER, H.: Die alten Brunnenleitungen zur Heidecksburg und das Mörlaer Butzelmannsfest. — Rudolstädter Heimathefte 7, S. 1—15. Rudolstadt 1961.

DRECHSLER, G. & HACKENBERGER, F.: Organisationsform und Stand des Aufbaus eines Zentralen Toxikologischen Auskunftsdienstes in der DDR. — Zentralblatt für Pharmazie, Pharmakotherapie und Laboratoriumsdiagnostik 118 (10), S. 1027 bis 1033. Berlin 1979.

DRIESCHER, E.: Anthropogene Gewässerveränderungen im Havel-System in historischer Zeit. In: Berlin — Die Hauptstadt der DDR und ihr Umland (Wissenschaftl. Abhandlungen d. Geograph. Gesellschaft d. DDR, 10), S. 113—132. Gotha und Leipzig 1969.

DRIESCHER, E.: Veränderungen an Gewässern in historischer Zeit — Eine Untersuchung in Teilgebieten der Bezirke Potsdam, Frankfurt und Neubrandenburg. — Unveröff. geograph. Diss. (B), Humboldt-Univ. Berlin, Berlin 1975 (Autorreferat in: Geographische Berichte 76, S. 258, Gotha und Leipzig 1975).

EISSMANN, L.: Das Quartär der Leipziger Tieflandsbucht und angrenzender Gebiete um Saale und Elbe (Schriftenreihe für Geologische Wissenschaften 2). Berlin 1975.

ENGST, R.: Zum Reaktionsverhalten ausgewählter Fremdstoffe. — Sitzungsberichte der Akademie der Wissenschaften der DDR, Nr. 16/N. Berlin 1977.

FELDHAUS, F. M.: Die Technik der Antike und des Mittelalters. Potsdam 1931.

FILIP, J.: Keltové ve střední Evropě (Die Kelten in Mitteleuropa]. Praha 1956.

GOLDMANN, K.: Märkische Kulturlandschaft — das Erbe bronzezeitlicher Kolonisation? — Ausgrabungen in Berlin 6, S. 5—50. Berlin (West) 1982 (a).

GOLDMANN, K.: Märkischer Weizen für Byzanz — zum Reisebericht Ibrahim Ibn Jakubs von 965/66. — Ausgrabungen in Berlin 6, S. 197—210. Berlin (West) 1982 (b).

GRÄNITZ, R.: Vogelfang im Erzgebirge — Eine historische Betrachtung. — Sächsische Heimatblätter 27 (3), S. 97—137, Dresden 1981.

GUŠIĆ, B.: Über die Entwaldung unseres Karstes. — Actes du IVe Congrès International de Spéléologie en Yougoslavie 1/2, S. 93—117. Ljubljana 1973.

HÄNDEL, D.: Das Holozän in den nordwestsächsischen Flußauen. — Hercynia, N. F., 4, S. 155—198. Leipzig 1967.

HARZBECHER, H. in „Was rostet, das kostet". — Neue Berliner Illustrierte 37 (8), S. 17—19. Berlin 1981.

HEMPEL, W.: Verzeichnis der in den drei sächsischen Bezirken (Dresden, Leipzig, Karl-Marx-Stadt) vorkommenden wildwachsenden Farn- und Blütenpflanzen mit Angabe ihrer Gefährdungsgrade — herausgegeben als Arbeitsmaterial. Karl-Marx-Stadt 1978.

HERRMANN, J.: Wasserstand und Siedlung im Spree-Havel-Gebiet in frühgeschichtlicher Zeit. — Ausgrabungen und Funde 4, S. 90—106. Berlin 1959.

HERRMANN, J.: Zeidelwirtschaft. In: J. HERRMANN (Hrsg.), Die Slawen in Deutschland — Ein Handbuch, S. 72—73. Berlin 1970.

HERRMANN, J.: Probleme der Fruchtwechselwirtschaft im Ackerbau des 8. bis. 9. Jh. am Beispiel ausgewählter schriftlicher und archäologischer Quellen. — Zeitschrift für Archäologie 15 (1), S. 1—9. Berlin 1981.

VON HORNSTEIN, F.: Wald und Mensch. Ravensburg 1951.

JÄGER, K.-D.: Eine Auelehm-Ablagerung in der Rinneaue bei Stadtremda und ihre Beziehungen zur mittelalterlichen Besiedlung des Remdaer Landes. — Jahrbuch der Staatlichen Museen Heidecksburg Rudolstadt [1], S. 55—80. Rudolstadt 1961.

JÄGER, K.-D.: Über Alter und Ursachen der Auelehmablagerung thüringischer Flüsse. — Praehistorische Zeitschrift 40 (1/2), S. 1—59 (m. 1 Faltkarte). Berlin (West) 1962.

JÄGER, K.-D.: Die pflanzlichen Großreste aus der Burgwallgrabung Tornow, Kr. Calau. In: J. HERRMANN (Hrsg.), Tornow und Vorberg — Ein Beitrag zur Frühgeschichte der Lausitz (Dt. Akad. d. Wiss. zu Berlin, Schriften der Sektion für Vor- und Frühgeschichte 21). S. 164—189 u. Taf. 41—44. Berlin 1966.

JÄGER, K.-D.: Holozänstratigraphische Befunde als Zeugnisse für den Landesausbau im slawischen und deutschen Mittelalter. — Berichte über den II. Internationalen Kongreß für Slawische Archäologie, Bd. III, S. 75—88. Berlin 1973.

JÄGER, K.-D.: Stratigraphische Zeugnisse für den Wandel von Klima und Landschaft im Jungquartär des östlichen Mitteleuropa (unter besonderer Berücksichtigung von Nebenwirkungen der Landnutzung im Holozän). — Unveröff. Diss. (B), Ernst-Moritz-Arndt-Univ. Greifswald, 1982.

JÄGER, K.-D.: Zum Einfluß der geographischen Umwelt auf die Entwicklung der Produktivkräfte im Neolithikum. In: Geschichte der Produktivkräfte in ur- und frühgeschichtlicher Zeit im mitteleuropäischen Gebiet, S. 41—50, Berlin 1985.

JÄGER, K.-D. & LASER, R.: Die siedlungsgeschichtliche Aussage stratigraphischer und bodenkundlicher Untersuchungen im Gelände der kaiserzeitlichen Ansiedlung bei Wüste Kunersdorf, Kr. Seelow. — Veröffentlichungen des Museums für Ur- und Frühgeschichte Potsdam 4 (1968), S. 11—22 u. Taf. 1 (m. 1 Faltbeil.), Potsdam 1971.

JÄGER, K.-D. & LOŽEK, V.: Indications of Holocene stratigraphy concerning the changing natural structure and metabolism of landscape in consequence of human impact. — Proceedings of Working Session of Commission on Holocene — INQUA (Eurosiberian Subcommission) Tatranská Lomnica — Bratislava, Československo, 1976; S. 93—110. Bratislava 1977.

JÄGER, K.-D. & LOŽEK, V.: Umweltbedingungen und Landesausbau während der Urnenfelderbronzezeit in Mitteleuropa. Im: W. COBLENZ & F. HORST (Hrsg.), Mitteleuropäische Bronzezeit — Beiträge zur Archäologie und Geschichte, S. 211 bis 229. Berlin 1978 und (2. Aufl.)1981.

JANKE, W., JÄGER, K.-D. & HEINRICH, W.-D.: Geologische und geomorphologische Untersuchungen zur Datierung der quartärpaläontologischen Fundstätte Pisede bei Malchin. – Wissenschaftliche Zeitschrift der Humboldt-Universität zu Berlin, Mathematisch-Naturwissenschaftliche Reihe **24** (5), S. 593–616. Berlin 1975.

KNORR, H. A.: Handwerk und Gewerbe. In: J. HERRMANN (Hrsg.), Die Slawen in Deutschland – Ein Handbuch, S. 73–103. Berlin 1970.

KOPP, D.: Die Waldstandorte des Tieflandes. In: D. KOPP u. a., Ergebnisse der forstlichen Standortserkundung in der Deutschen Demokratischen Republik, Bd. 1, Lfg. 1 (S. 1–141). Potsdam 1969.

KRAUSCH, H.-D.: Die Wälder der früheren Herrschaft Baruth gegen Ende des 16. Jahrhunderts. – Jahrbuch für brandenburgische Landesgeschichte **15**, S. 42–49. Berlin (West) 1964.

KRAUSCH, H.-D.: Vegetation und Landschaftsentwicklung im Baruther Urstromtal bei Baruth. – Heimatkalender für den Kreis Zossen 1967, S. 130–140. Zossen 1967.

KUČAN, D.: Mittelalterliche Kulturpflanzen und Unkräuter aus ostfriesischen Kirchen. – Probleme der Küstenforschung im südlichen Nordseegebiet **13**, S. 23–38 m. Taf. 1–5. Hildesheim 1979.

LANDSBERG, H. E.: Climates and urban planning. – World Meteorological Organization, Technical Notes **108**, S. 364–374. Geneva 1970.

LANGE, E.: Botanische Beiträge zur mitteleuropäischen Siedlungsgeschichte – Ergebnisse zur Wirtschaft und Kulturlandschaft in frühgeschichtlicher Zeit (Schriften zur Ur- und Frühgeschichte, 27). Berlin 1971.

LECH, J. & LELIGDOWICZ, A.: Die Methoden der Versorgung mit Feuerstein und die lokalen Beziehungen zwischen den Siedlungen und Bergwerken im Weichselgebiet während des 5. bis 2. Jt. v. u. Z. In: F. SCHLETTE (Hrsg.), Urgeschichtliche Besiedlung in ihrer Beziehung zur natürlichen Umwelt, S. 151–184. Halle/Saale 1980.

LEHMANN, E.: Der historische Aspekt in der Umweltforschung – Hans Mottek zum 65. Geburtstag. – Sitzungsberichte der Akademie der Wissenschaften der DDR, G/2, S. 19–26. Berlin 1976.

LEMÉE, G.: Précise de biogéographie. Paris 1976.

LIEBEROTH, I.: Bodenkunde – Bodenfruchtbarkeit. 2. Aufl., Berlin 1969.

LITT, Th.: Zur Frage anthropogen ausgelöster Bodenabtragung im Flußgebiet der Weißen Elster während des Frühneolithikums. – Unveröff. Diplomarbeit, Fachrichtung Ur- und Frühgeschichte, Martin-Luther-Univ. Halle und Wittenberg, Halle/Saale 1983.

LOŽEK, V.: Zur Geschichte der Bodenerosion in den mitteleuropäischen Lößlandschaften während des Holozäns. – Newsletters on Stratigraphy **5** (1), S. 44–54. Berlin (West) und Stuttgart 1976.

LOŽEK, V.: Anthropogene Umweltänderungen während der Urnenfelder-Bronzezeit, dargestellt am Beispiel mitteleuropäischer Karstlandschaften. – Vortrag und Manuskript für die internationale Tagung über „Siedlung, Wirtschaft und Gesellschaft der jüngeren Bronzezeit und der Hallstattzeit in Mitteleuropa“, Potsdam, April 1983.

MARKGRAF, G. in „Pflanzen sichern unsere Zukunft“ – Gespräch im Dresdener URANIA-

Vortragszentrum zu Fragen des ökologischen Gleichgewichts, Dresden, März 1983 (Bericht in: DIE UNION, Nr. 57/1983 vom 9. 3. 1983, Beil. „Wissenschaft und Technik“).

MEINKE, D., RICHTER, H. & SCHULZE, J.: Die Terrassenbildungen im Bereich der Oberseen und der Kleinseen des Müritzgebietes. – Unveröff. geologische Diplomarbeit, Humboldt-Univ. Berlin. Berlin 1967.

MIEHLKE, R.: Ergebnisse und weitere Aufgaben bei der Durchsetzung der wirtschaftlichen Wasserverwendung. – Wasserwirtschaft – Wassertechnik **30** (4), S. 111 bis 114. Berlin 1980.

NEEF, E.: Über die Veränderlichkeit unserer geographischen Umwelt. – Berichte über die Verhandlungen der Sächsischen Akademie der Wissenschaften zu Leipzig, Mathematisch-naturwiss. Klasse **103** (4), 19 S. Berlin 1959.

NEEF, E.: Dry periods in mid-latitude humid regions. – Man and Environment (Studies in Geography in Hungary, 11), S. 169–171. Budapest 1974.

NEEF, E.: „Destruktive Geographie“ – Einige notwendige Bemerkungen zu G. Hard: „Die Geographie“. – Petermanns Geographische Mitteilungen **121** (2), S. 138–140. Gotha und Leipzig 1977 (a).

NEEF, E.: A scheme of side-processes relevant for environmental development. – Geographia Polonica **36**, S. 157–161. Warszawa 1977 (b).

NEEF, E.: Über Geographie in unserer Zeit. Ein Brief. – Acta Universitatis Carolinae, Geographica Supplementum, S. 27–34. Praha 1980.

NEEF, E. u. a.: Sozialistische Landeskultur/Umweltgestaltung – Umweltschutz. Leipzig 1977.

NEEF, E. u. a.: Analyse und Prognose von Nebenwirkungen gesellschaftlicher Aktivitäten im Naturraum (Abhandlungen der Sächsischen Akademie der Wissenschaften zu Leipzig, Mathematisch-naturwissenschaftliche Klasse 54,1). Berlin 1979.

NEUMEISTER, H.: Beiträge zum Auelehmproblem des Pleiße- und Elstergebietes. In: Das Leipziger Land (Wissenschaftliche Veröffentlichungen d. Dt. Instituts für Länderkunde 21/22), S. 65–131. Leipzig 1964.

NIEMANN, E.: Methodik zur Bestimmung der Eignung, Leistung und Belastbarkeit von Landschaftselementen und Landschaftseinheiten (Wissenschaftliche Mitteilungen des Instituts für Geographie und Geoökologie der Akademie der Wissenschaften der DDR, Sonderheft 2). Leipzig 1982.

VON OEYNHAUSEN, U.: Glashütten in Mecklenburg. – Jahrbücher des Vereins für mecklenburgische Geschichte und Altertumskunde 70, S. 267–312. Schwerin 1905.

OTTO, G.: Strukturveränderungen in holozänen Küstenniederungen durch Komplexmelioration, dargestellt am Beispiel der Conventer Niederung bei Bad Doberan. In: Das Jungquartär und seine Nutzung im südbaltischen Küsten- und Binnentiefland der DDR und der VRP (Petermanns Geographische Mitteilungen. Erg.-Bd. 282), S. 72–84. Gotha und Leipzig 1983.

OTTO, H. & WITTER, W.: Handbuch der ältesten vorgeschichtlichen Metallurgie in Mitteleuropa. Leipzig 1952.

PAEPKE, H.-J.: Die gegenwärtige Situation der Süßwasserfischfauna in der DDR.

– Archiv für Naturschutz und Landschaftsforschung **21** (3), S. 113–130. Berlin 1981.

PAEPKE, H.-J.: Anthropogene Einwirkungen auf die Süßwasserfischfauna der DDR und Möglichkeiten des Artenschutzes. – Archiv für Naturschutz und Landschaftsforschung **21** (4), S. 241–258. Berlin 1981.

PAUCKE, H. & BAUER, A.: Umweltprobleme – Herausforderung der Menschheit. Berlin 1979.

PAUCKE, H. & BAUER, A.: Zum Verhältnis von Natur- und Produktionskreisläufen. – Deutsche Zeitschrift für Philosophie **28** (8), S. 905–914. Berlin 1980.

PITZ, E.: Wirtschafts- und Sozialgeschichte Deutschlands im Mittelalter (Wissenschaftliche Paperbacks Sozial- und Wirtschaftsgeschichte 15). Wiesbaden 1979.

PLEINER, R.: Základy slovanského železářského hutnictví v českých zemich [Die Grundlagen der slawischen Eisenindustrie in den böhmischen Ländern – Die Entwicklung des Rennverfahrens von der Hallstattzeit bis zum Ausgang des 12. Jahrhunderts]. Praha 1958.

PREUSCHEN, E.: Kupfererzbergbau und Vegetationsstörungen. – Archaeologia Austriaca **35**, S. 87–89. Wien 1964.

RAJEWSKI, Zdz.: Pech und Teer bei den Slawen. – Zeitschrift für Archäologie **4** (1), S. 46–53. Berlin 1970.

RAUSCHERT, St.: Liste der in den thüringischen Bezirken Erfurt, Gera und Suhl erloschenen und gefährdeten Farn- und Blütenpflanzen. – Landschaftspflege und Naturschutz in Thüringen **17** (1), S. 1–32. Jena 1980.

REDLICH, F.: Waldbienenzucht, Bienenbeuten und Zeidlergesellschaften mit besonderer Berücksichtigung der Niederlausitz. – Ethnographisch-Archäologische Forschungen **4**, S. 185–197. Berlin 1958.

REICHELT, G.: Über den Stand der Auelehmforschung in Deutschland. – Petermanns Geographische Mitteilungen **97** (4), S. 245–261. Gotha 1953.

RIEDL, H. & WEICHHART, P.: Land-use patterns as the result of human adaptation to the natural environment: A short report on some projects concerning medium-scale man-environment systems. – Man-Environment Systems **10**, S. 251–256. 1980.

ROTHMALER, W. & NATHO, I.: Bandkeramische Kulturpflanzenreste aus Thüringen und Sachsen. – Beiträge zur Frühgeschichte der Landwirtschaft **3**, S. 73–98. Berlin 1957.

SCHADE, G.: Deutsches Glas von den Anfängen bis zum Biedermeier. Leipzig 1968.

SCHEFFER, F. & MEYER, B.: Berührungspunkte der archäologischen und bodenkundlichen Forschung. – Neue Ausgrabungen und Forschungen in Niedersachsen [1], S. 1–18. Hildesheim 1963.

SCHLETTE, F.: Kelten zwischen Alesia und Pergamon. Leipzig, Jena und Berlin 1976.

SCHMITHÜSEN, J.: Allgemeine Vegetationsgeographie. 2. Aufl., Berlin (West) 1961.

SCHULZE, J.: Das Standortmosaik von ausgewählten Talauen und Niederungen im Einzugsgebiet der oberen und mittleren Unstrut unter besonderer Berücksichtigung der Sedimenttypenverteilung. – Unveröff. Diss. (A), Ernst-Moritz-Arndt-Univ. Greifswald, 1980.

SMOLÍKOVÁ, L. & LOŽEK, V.: Die nacheiszeitlichen Bodenabfolgen von Poplze und

Štětí als Beleg der Boden- und Landschaftsentwicklung im böhmischen Tschernosemgebiet. In: Beiträge zur Quartär- und Landschaftsforschung – Festschrift zum 60. Geburtstag von Julius Fink, S. 531–549. Wien 1978.

STAMM, E.: Die Eichen-Hainbuchen-Wälder der Nordschweiz. Bern 1938.

STEINBERG, K.: Zur spät- und nacheiszeitlichen Vegetationsgeschichte des Untereichsfeldes. – Hercynia 3, S. 529–587. Leipzig 1944.

STEINHAUSEN, G.: Geschichte der Deutschen Kultur. Leipzig und Wien 1904.

STOKLASA, J.: Ein anthropoökologischer Ansatz zur Ökologisierung gesellschaftlicher Prozesse In: Petermanns Geographische Mitteilungen, **126**, Nr. 3, S. 195–199. Gotha u. Leipzig 1982

STRAUBE, I.: Das Verschwinden der ehemaligen Seen im Thüringer Becken sowie die Auswirkung auf die Kulturlandschaft. – Unveröff. geograph. Diplomarbeit, Friedrich-Schiller-Univ. Jena, 1956.

TOEPFER, V.: Kupfergewinnung in Mitteldeutschland von den Anfängen bis zur Gegenwart. Halle/Saale 1953.

VOLLRATH, H.: Die Morphologie der Itzaue als Ausdruck hydro- und sedimentologischen Geschehens. – Mitteilungen der Fränkischen Geographischen Gesellschaft 10, S. 297–309. Erlangen 1963.

WAGENBRETH, O.: Zeugen des erzgebirgischen Erzbergbaus in Landschaft und Kultur. In: Denkmale in Sachsen – Ihre Erhaltung und Pflege in den Bezirken Dresden, Karl-Marx-Stadt, Leipzig und Cottbus; S. 148–159. Weimar 1979.

WEINER, J. & ZIMMERMANN, A.: Zur Versorgung der neolithischen Siedlungen auf der Aldenhovener Platte mit Feuersteinrohmaterial. In: F. SCHLETTE (Hrsg.), Urgeschichtliche Besiedlung in ihrer Beziehung zur natürlichen Umwelt, S. 145 bis 149. Halle/Saale 1980.

WINKLER, J.: Die Neugrabenflöße zwischen der Flöha und der Freiberger Mulde. – Mitteilungen Landesverein Sächsischer Heimatschutz **24** (1–4), S. 42–59. Dresden 1935.

ZIMMERMANN, F.: Beobachtungen der Flora im Bereich von Berlin (West) in den Jahren 1947 bis 1981. In: Verhandlungen des Berliner Botanischen Vereins, Band 1, S. 3–240. Berlin (West) 1982.

Nachträge zum Nachweis der Literatur

DRIESCHER, E.: Historisch-geographische Veränderungen von Gewässereinzugsgebieten im Jungmoränengebiet der DDR – Geographische Berichte **107** (28/2), S. 103 bis 118. Gotha und Leipzig 1983.

JÄGER, K.-D.: Verkohlte Samen aus einem bronzezeitlichen Grabgefäß von Tornow, Kr. Calau – Ein Beitrag zur Anbaugeschichte der Ackerbohne (Vicia faba L.) in Mitteleuropa – Ausgrabungen und Funde **10** (3), S. 131–138 m. Taf. 20 u. 21 c. Berlin 1965.

NEEF, E.: Nebenwirkungen der gesellschaftlichen Tätigkeit im Naturraum – Petermanns Geographische Mitteilungen **120** (2), S. 141–144. Gotha und Leipzig 1976.

SINJAK, K. & DAWIDENKO, O.: Mensch und natürliche Umwelt – ökologische Betrachtungen – Wissenschaftliche Welt **28** (3), S. 11–12 u. 19. 1984.

LANDSCHAFTSDIAGNOSE ALS BEITRAG ZUR CHARAKTERISTIK DES LANDSCHAFTSWANDELS

Karl Mansfeld

Inhalt

1. Landschaftswandel als bestimmende Erscheinung unserer geographischen Umwelt

Den Veränderungen unserer Kulturlandschaft als Folge jahrhundertelanger Nutzungstätigkeit durch die Gesellschaft sind, wenn auch in unterschiedlicher Vollständigkeit und Zielstellung, zahlreiche Beiträge in der Literatur gewidmet (vgl. u. a. Barthel, 1962; Buchwald, 1971; Ewald, 1978; Fels, 1954; Fink, 1963; Meckelein, 1965; Sukopp, 1972; Rathjens, 1979). Auch im Gedanken- und Schriftgut von E. Neef (vgl. Neef, 1950; 1951/52; 1959) finden sich schon frühzeitig Hinweise auf den systemverändernden Charakter gesellschaftlicher Eingriffe in die Landschaftsstruktur, für den wir heute vielfach den Begriff des Landschaftswandels verwenden. In ähnlicher Sinnrichtung ist für die Veränderungen einer Landschaft als Folge natürlicher Prozesse oder von Eingriffen des Menschen in den Naturhaushalt auch der Begriff der Landschaftsmetamorphose (vgl. Neef, Richter, Barsch, Haase u. a. 1973; Herz, 1969) im Gebrauch, während das von der Landschaftsdynamk geprägte Entwicklungsstadium nach einem Vorschlag von Troll (1950) als Landschaftszukzession bezeichnet wurde. Inwieweit die Übertragung des, bei TROLL noch eindeutig auf das gestörte Gleichgewicht naturräumlicher Komponenten bezogenen, Begriffs auf die gesamtlandschaftliche Situation geignet erscheint, ist noch nicht untersucht worden.

Unabhängig von dieser terminologischen Seite des Problems geht es um die grundlegenden Erscheinungen in unserer landschaftlichen Umwelt, als die, unter Einbeziehung historischer Aspekte, die Erforschung und Bewertung des ständigen Wandels der Landschaftsstruktur unter den Einflüssen gesellschaftlicher Nutzung anzusehen sind. Das Studium der Veränderungen landschaftlicher Strukturen schließt zugleich die Ableitung verallgemeinerbarer Gesetzmäßigkeiten der kulturlandschaftlichen Entwicklung ein, wobei sich die Mannigfaltigkeit der Erscheinungen gleichermaßen auch als Hemmnis für die Formulierung eindeutiger Gesetzmäßigkeiten erweist (NEEF 1951/52).

In seiner richtungsweisenden Schrift von 1959 über die Veränderlichkeit unserer geographischen Umwelt erörtert der Jubilar Erscheinungen des Landschaftswandels bereits nach drei verschiedenen Grundformen von Umbildungsprozessen der geographischen Umwelt. Er unterscheidet die Veränderungen als Ergebnis langandauernder Wirkungen durch tektonische Bewegungen oder Klimaschwankungen (Küstenverlegung, Gletscherschwankungen, Aulehmbildung) von denen katastrophengleicher Kurzzeitereignisse (Sturmfluten, Erdbeben usw.) mit unmittelbarer Wahrnehmung des Landschaftswandels. Den natürlich bedingten Wandlungen stellte er diejenigen Veränderungen im landschaftlichen Gefüge gegenüber, welche auf Eingriffe des Menschen zurückgehen, wofür er als Beispiel die Folgen anhaltender Bewirtschaftungsfehler, z. B. im Mittelmeergebiet (Waldvernichtung — Bodenerosion — Verlust des Kulturlandes), anführte.

Zugleich zeigten sich etwa ab 1960 im Zuge zunehmender und sich überlagernder Nutzungseingriffe des Menschen immer häufiger und immer anschaulicher die Folgen spontaner, aber weitgehend lokal begrenzter Veränderungen in Landschaftsbild und Landschaftsstruktur. Demzufolge erweiterte NEEF (1974a) den Betrachtungsrahmen und unterschied globale Änderungen des Zustandes der Geosphäre von solchen lokalen Charakters mit bevorzugter Veränderung einzelner Landschaftskomponenten (Vegetation, Boden, Relief usw.). Daß sich die Phänomene des Landschaftswandels dabei funktionell und räumlich zu überlagern vermögen ist ein zusätzliches Moment, das zu untersuchende Beziehungsgeflecht zu komplizieren.

Mit diesem Rückblick sollte zugleich einleitend angedeutet werden, daß die Beherrschung der Veränderungsvorgänge unter geographischer Zielsetzung in erster Linie auf eine komplexe und zugleich geoökologisch fundierte Behandlung in der räumlichen Planung abzielt, weil sie als notwendiges Korrektiv wirken muß. Wenn die Beachtung des ständigen Wandels der uns umgebenden landschaftlichen Realität ein bevorzugtes Arbeitsfeld angewandter geographischer Forschung geworden ist, dann darf das ohne Einschränkung auch zu den Verdiensten des Jubilars gezählt werden, wofür, über die weiter zurückliegenden Abhandlungen hinaus, besonders auch die jüngeren Veröffentlichungen der Jahre 1976; 1979; 1980 oder 1982 ein beredtes Zeugnis ablegen.

2. Erkundung und Kennzeichnung von Naturbedingungen im Rahmen angewandter Landschaftsforschung

Als besonders wichtiger Aspekt zur Verfolgung des Problems erwies sich die Klärung dessen, was Neef (1979) als das Verhältnis von Struktur und Dynamik bezeichnet hatte. Die gründliche sowie quantitativ unterbaute Charakteristik der Naturbedingungen (Strukturbetrachtungen unter Einschluß der systemeigenen Dynamik) bildet den Ausgangspunkt jeglicher Behandlung von Fragen des Landschaftswandels, auch wenn die Naturraumcharakteristik selbst nur die Rahmenbedingungen für den Ablauf landschaftsverändernder Prozesse setzt. Obwohl die geoökologischen Eigenschaften physisch-geographisch erkundeter Naturräume demnach für den Landschaftswandel einen relativierten Stellenwert besitzen, bleibt ihre grundlegende Funktion für die Steuerung planmäßig gelenkter oder zufälliger Veränderungen von Landschaftsbild und Landschaftsstruktur erhalten, wozu nicht zuletzt auch begriffliche Klarheit für die notwendige Grundlagenforschung gehört.

Zur Charakteristik der natürlichen Bedingungen von Landschaften in ihren Beziehungen zur Ebene der gesellschaftlichen Nutzung, einschließlich der daraus resultierenden Veränderungen, stellte Neef (1974b) die Begriffsreihe Naturausstattung — Naturdargebot — Naturraumpotential — Naturressource auf, die alle wesentlichen inhaltlichen Aspekte der Naturbedingungen für das Ziel der Beurteilung des Landschaftswandels, vor allem in prognostischer Hinsicht, umfaßte. Unter Beachtung des Wechselverhältnisses zwischen landschaftskundlicher Feldforschung und den gesellschaftlichen Bedürfnissen einerseits und den vom Nutzungsgeschehen ausgehenden Einflüssen andererseits, konzentrieren sich die Untersuchungen besonders auf die Potentialeigenschaften des Naturraumes.

Die Versuche zur Ableitung einer naturräumlichen Potentialstruktur für verschiedene gesellschaftliche Anforderungen zwangen dazu, Strukturmerkmale auch hinsichtlich ihres dynamischen Verhaltens zu interpretieren. Erkundungen zur Potentialstruktur haben deshalb den Bedingungskomplex naturräumlicher Merkmale für Folgeprozesse transparenter und anwendungsbereiter gemacht, weil sie auf die andersartige Bezugsrelation (Nutzungseignung für die Gesellschaft, Mehrfachnutzung, Belastbarkeit u. a.) orientiert waren.

Es sind demzufolge die Untersuchungsziele einer angewandten geographischen Landschaftsforschung gewesen, die eine Hinwendung zu den Fragen des Landschaftswandels motiviert haben. Gerade wegen der gleichrangigen Bearbeitung von Aspekten der Veränderlichkeit der Landschaftsstruktur blieb das Bedürfnis an naturwissenschaftlichen Informationen unvermindert hoch, auch wenn ihre Wirksamkeit und Anwendung in der Praxis nicht der theoretisch-methodischen Ausgangslage entspricht. Für einschlägige Analysen zur Charakteristik des ständigen Wandels der uns umgebenden landschaftlichen Mannigfaltigkeit unter gesellschaftlichem Einfluß auf der Grundlage einer Kennzeichnung der Naturbedingungen ist in methodischer Hinsicht ein gewisser Abschluß erreicht worden, der auch für das international hohe Ansehen geographischer Landschaftsforschung in der DDR zeugt (vgl. HAASE u. a. 1982).

Nicht ohne Einfluß durch die sich immer deutlicher abzeichnenden Veränderungen der landschaftlichen Geosysteme als Folge verstärkter Naturnutzung und der sie begleitenden Folgewirkungen (Umweltschäden), bildete die Analyse von Hauptlinien landschaftlicher Dynamik als Ergebnis der vom Menschen bewirkten Eingriffe (vgl. BILLWITZ, 1977) aktuelle Fragestellungen, die mit der gesellschaftlichen Zielstellung zur Optimierung der Territorialstruktur verbunden wurden. Der veränderten Zielrichtung gaben für die Landschaftsforschung der DDR HAASE/NIEMANN (1976) sprachliche Ausdrucksform mit einer, die Glieder Landschaftsanalyse — Landschaftsdiagnose — Landschaftsprognose, umfassenden Begriffsreihe. Ihre Fassung geht von der Überlegung aus, daß aus der Analyse der landschaftlichen Bedingungen nicht nur der Zustand (also die zeitliche Fixierung eines „Sukzessionsstadiums") zu diagnostizieren ist, sondern mittels der Erkenntnisse über die Struktur und Dynamik des Naturraumes sowie der gesellschaftlich determinierten Eingriffsarten und -intensitäten, können von dieser Diagnose auch Wertungen zu den ablaufenden und vor allem von den zu erwartenden Prozessen und damit zur Entwicklung der Landschaft (Landschaftsprognose) abgeleitet werden. Bevor auf die Rolle und den Beitrag der Landschaftsdiagnose für Fragen des Landschaftswandels einzugehen ist, sei eine kurze Quellenkritik zum Begriff der Landschaftsdiagnose gestattet.

3. Zur Verwendung des Begriffes „Landschaftsdiagnose"

Ohne zufälligen Verwendungen des Begriffes nachgegangen zu sein, darf man zumindest für die Landschaftskunde und Gebietsplanung in der DDR annehmen, daß den Terminus Landschaftsdiagnose LINGNER und CARL (1955, 1957), LINGNER (1959) eingeführt haben.

Für diese Autoren, die mit ihrer 1950/52 begonnenen Arbeit einen zu unrecht vergessenen Meilenstein auf dem Wege zu einer Landschaftsplanung in der DDR gesetzt haben, war die Anlehnung an die Medizin bewußt gewählt, so daß Landschaftsdiagnose hier ausschließlich die Feststellung von Störungen am „Organismus" der Kulturlandschaft" bedeutete, aus deren sachräumlicher Übersicht (Flurausräumung in der Agrarlandschaft; Störungen des Wasserhaushaltes; Bergbaueinflüsse; Luftverunreinigungen) sie staatliche Maßnahmen zum Schutz und zur Erhaltung der geographischen Umwelt ableiteten. Landschaftsdiagnose war also vorrangig Zustandsermittlung einer, wie sie argumentierten, gestörten Landschaft. Der hohe wissenschaftliche Stand bezüglich des komplexen Herangehens an die Analyse der Landschaftsstruktur, einschließlich aller Veränderungen und ungünstigen Nebenwirkungen, ist zum Zwecke einer „zielstrebigen Planung der Landschaft im Interesse des sozialistischen Aufbaus in der DDR" noch nicht wieder erreicht worden.

Später taucht der Begriff, nun nicht mehr in der engen Fassung als ausschließliche Feststellung von Landschaftsschäden, in einem ausgewogenen Methodenkonzept für die Landschaftspflege bei Buchwald (1968/69; 1970) auf. Die dort getroffene Erweiterung zu einem umfassenderen Begriffsinhalt bildet zugleich die Grundlage auch für die terminologische Verwendung bei Autoren wie Haase/Niemann; Haase/Richter u. a.. Bei Buchwald folgt auf die Landschaftsanalyse eine Landschaftsdiagnose, welche eine Auswertung der analytischen Befunde im Hinblick auf Problemlösungen in konkreten Planungsräumen darstellt. Als dritte Ebene wird in einem Entwicklungsteil „(Prognose") die Zielstellung der Landschaftspflege für eine gebietliche Planung formuliert.

Haase und Niemann schließen die Landschaftsdiagnose ebenfalls an die vorausgehende Landschaftsanalyse an und untergliedern den Pauschalbegriff nach problem- und aufgabenbezogenen Aspekten im Sinne mehrstufiger Bearbeitungsschritte (Optimierung der Landschaftsstruktur durch Eignungsbewertungen; Nutzungsmöglichkeiten und ihre Grenzwerte im Verhältnis zur Mehrfachnutzung; Folgewirkungen bei Nutzungseingriffen). Nahezu identische Formulierungen bzw. Untergliederungen finden sich später bei Haase (1978); Haase/Richter (1980); Mannsfeld (1981a) und Niemann (1982).

4. Landschaftsdiagnose als Planungsmethode

In Anlehnung an alle Autoren dürfen wir also unter Landschaftsdiagnose eine Gegenüberstellung von Forderungen zur Befriedigung gesellschaftlicher Bedürfnisse an das durch Merkmale der Naturbedingungen sowie der Nutzungstätigkeit bestimmte Leistungsvermögen konkreter Landschaftsräume verstehen, wobei Fragen der Stabilität, Belastbarkeit, sowie der vorhersehbaren Neben- und Folgewirkungen in die Betrachtung eingeschlossen sind.

Mit anderen Worten, Landschaftsdiagnose stellt eine Bewertung in bezug auf Zustand und Entwicklungsmöglichkeiten der Landschaft zum Zwecke ihrer nachhaltigen Nutzbarkeit für den Menschen bei weiterer Steigerung produktiver Funktionen der Natur sowie einer Verhinderung schädlicher Folgewirkungen bei der Naturnutzung dar, und ist eine wichtige Voraussetzung der Landschaftsplanung. Den Bewertungsmaßstab bilden Struktureigenschaften des Naturraumes im Hinblick auf die Befriedigung von Nutzungsansprüchen der Gesellschaft. Demnach können Eignungsanalysen, Gebrauchswertbestimmungen u. ä. nur vorgenommen werden, wenn die Veränderlichkeit und die Disposition zur Wandlung als Strukturmerkmal angesehen werden. Insofern ist Landschaftsdiagnose ein wichtiges Glied in der Informationskette von der naturräumlichen Analyse zu deren Anwendung in der Praxis, die NEEF als Transformationsproblem mehrfach erläutert hat (1967; 1979).

Die verschiedenen Bearbeitungsschritte der Landschaftsdiagnose lassen sich unter Verwendung der Aussagen o. g. Autoren wie folgt zusammenfassen:

1. Analyse der verschiedenartigen Anforderungen von seiten der Gesellschaft an das Naturdargebot bis zur Ableitung einer Funktionsgliederung der Landschaft;
2. Beurteilung von Leistungsvermögen und -reserven (Naturpotential/Naturressource) einschließlich der die Mehrfachnutzung differenzierenden Nutzungsnormative durch die Gesellschaft;
3. Beurteilung von Art und Intensität der Auswirkungen von Nutzungseingriffen als Folge- oder Nebenwirkungen einschließlich von konzeptionellen Hinweisen auf Ausmaß und Richtung von Veränderungen in Landschaftsbild und -struktur sowie erforderlichen Maßnahmen zur Erhaltung der Funktionsfähigkeit von Landschaftsräumen für die Gesellschaft.

Aus der Vielzahl verwendbarer Kriterien für die einzelnen Bearbeitungsschritte zur Landschaftsdiagnose ragen besonders solche Kennwerte wie

- Eignungsgrad und Leistungsreserven im Naturdargebot;
- Nutzungseinschränkungen;
- Verfügbarkeit und Mehrfachnutzungsmöglichkeit;
- Anpassungsparameter;
- Belastung und Schaddisposition;
- Auswirkungen und Wirkungsfelder von Einzelmaßnahmen und Summeneffekten;
- Belastbarkeit und Reaktionsempfindlichkeit;

- Art und Verhinderung von Nutzungskonflikten;
- Sanierungshinweise usw.

heraus, deren Erhebung sowohl von der Ausgangslage beim Stand der geoökologischen Kartierung und Landschaftscharakteristik als auch vom Verwendungszweck abhängt.

Der Vorteil dieses mehrstufigen Diagnosekonzeptes ist seine Anwendbarkeit sowohl auf konkrete Einzelmaßnahmen im Nutzungsgeschehen (Umwidmung im Flächennutzungsgefüge, Errichtung von Anlagen zur Tierproduktion Talsperren, Wohnungsbauten usw.) als auch besonders in bezug auf die vorsorgliche Ausarbeitung von mittel- und langfristigen Planungsunterlagen für Kreisgebiete, Areale von Gemeinde- oder Zweckverbänden o. ä. als Beitrag zur Entscheidungsfindung für die räumliche Planung.

Im Sinne der von Neef herausgearbeiteten Grundsätze für die Beurteilung des Landschaftswandels geht die Landschaftsdiagnose demnach vorrangig der Frage nach, welche Impulse werden auf das Natursystem ausgeübt, welche Reaktionen des Naturraumes („Impulsantwort") sind zu erwarten (vgl. Neef 1976; 1979) und wie kann das dabei auftretende Interferenzproblem beherrscht werden.

Um nicht mißverstanden zu werden: Die Ergebnisse der Landschaftsdiagnose sagen zunächst unmittelbar nichts zum Landschaftswandel aus. Aber die Prüfung des Landschaftszustandes und seiner Interpretation in bezug auf Reaktionsweisen des Natursystems auf reelle oder simulierte Nutzungsimpulse, bieten ein Fundament zur Klärung von Veränderungsvorgängen in Landschaftsbild und -struktur mit Blick auf die Beherrschung dieser Prozesse in der Territorialplanung.

Die Landschaftsdiagnose ihrerseits ist bei strenger Auslegung selbst Momentaufnahme eines Landschaftswandels, nämlich des gegenwärtigen Entwicklungsstadiums. So gesehen bilden Landschaftsdiagnose als methodisches Herangehen und Landschaftswandel als raum-zeitliches Phänomen des landschaftlichen Geosystems eine dialektische Einheit.

Zum eindeutigen Inhaltsverständnis muß noch darauf verwiesen werden, daß zwischen Landschaftsdiagnose und einer Landschaftsprognose, welche sich vorrangig mit Entwicklungstrends und Modellkonzeption befaßt, fließende Übergänge bestehen (vgl. auch Haase/Richter 1980). Schließlich sei, trotz der noch verbleibenden Unvollkommenheiten, eine Kurzdefinition für die Landschaftsdiagnose versucht, die ihrer Stellung als methodische Leitlinie bei der Beurteilung des Landschaftswandels entspricht:

„Landschaftsdiagnose ist eine der Landschaftsanalyse folgende Bewertung der Nutzbarkeit eines Landschaftsraumes für die Gesellschaft. Aus dem Vergleich zwischen nutzungsabhängigem aktuellem Landschaftszustand und potentiellem Naturdargebot werden für Planungsempfehlungen sowohl Eignung zur Mehrfachnutzung und Auswirkungen konkreter Nutzungsimpulse als auch Grundsätze zur Erhaltung und Pflege der Landschaft ableitbar."

5. Zum Stand der landschaftsbezogenen Planung in der DDR

Abschließend soll der Frage nachgegangen werden, inwieweit diese theoretischen Überlegungen und methodischen Empfehlungen in die Praxis der Territorialplanung der DDR Eingang gefunden haben. Generell bleibt festzuhalten, daß Landschaftsdiagnose als Methode bisher im allgemeinen ein Modellkonzept geblieben ist, zumal eine landschaftsbezogene Territorialplanung (Landschaftsplanung) im wesentlichen über programmatische Ansätze nicht hinausgekommen ist (vgl. HENTSCHEL 1977; MANNSFELD, 1983; NIEMANN, 1982; SANDNER/BIELER, 1981; SCHERF, 1978).

Da Landschaftswandel unter anthropozentrischem Einfluß an Funktionswandel im Nutzungsgeschehen gebunden ist, kommt der Landschaftsdiagnose bei den verschiedenen gesellschaftlichen Entscheidungen im Territorium eine wachsende Bedeutung zu. Überblickt man aus der Erfahrung großräumige Standortentscheidungen oder Produktionstechnologien mit starker Naturbeanspruchung, muß man feststellen, daß zwar vom theoretischen Konzept her der planerische Beitrag der Landschaftsforschung offenkundig ist, dieser aber fast ohne Resonanz für die Nutzung in der Praxis bleibt.

Das Ergebnis dieser kritischen Einschätzung ist an Beispielen belegbar, die in Anlehnung an EWALD (1978) als Folgeerscheinungen „monokultureller" Nutzung aufgefaßt werden können, und denen ein Planungsakt im Sinne von Landschaftsdiagnose zweifellos nicht vorausgegangen ist. Solche Beispiele beschreiben u. a. BERNHARDT (1979) mit den landeskulturellen Folgeerscheinungen nach der Umwandlung eines natürräumlich heterogen strukturierten Agrargebietes zu industriemäßig betriebenem Plantagen-Obstbau, KRAMER (1981) mit den Auswirkungen industriemäßig betriebener Landwirtschaft in erosionsdisponierten Lößhügelgebieten oder HARTSCH (in diesem Heft) mit Konsequenzen und Reaktionsketten bei der Konzentration von Abprodukten im Verhältnis zur gebietlichen Grundbelastung in einem nur begrenzt aufnahmefähigen Raum.

Anschauliches Material für die auf noch ungenügende territoriale Planung folgenden Nutzungskonflikte oder Umweltbelastungen und der daraus resultierenden Zustandsqualität einzelner Geokomponenten oder von Naturressourcen finden sich beispielsweise bei GRABIG/HILDEBRAND (1981); HOFMANN/RÖSKE (1982); JÄGER (1979); MANNSFELD (1981b); PAUCKE/LUX (1982) u. a.

Auch aus dem engeren Planungsraum der Stadt Dresden drängt sich ein aktuelles Beispiel auf, das die Vergabe eines Wohnungsbaustandortes (für ca. 1400 WE) am südlichen Stadtrand auf hochwertiger ehemaliger Agrarfläche (Lö 3, Ackerzahlen zw. 65—80) betrifft. Der exponierte Standort verursacht, auf einem Plateauriedel ca. 100 m über dem Elbtel gelegen, infolge unzureichender Wärmedämmung im Baustoff einen beträchtlichen Energieverlust, da eine etwa 1° niedrigere Jahresmitteltemperatur ausgeglichen werden muß, von zusätzlichen geländeklimatischen Effekten (Windexposition, Kaltluftstau usw.) oder den Kosten für die Infrastruktur ganz abgesehen.

Eindeutig haben in allen Beispielen kurzfristige ökonomische Kostengesichtspunkte im Vordergrund gestanden. Nur, inwieweit diese mometanen Kostenvorteile auf Dauer ausgeglichen werden oder verloren gehen, darüber wird noch zu wenig diskutiert. Obwohl sie allenthalben als Forderung zu hören und zu lesen ist, so scheint es bis zur Verwirklichung volkswirtschaftlich optimaler Mehrfachnutzung der Landschaft noch ein weiter Weg. Nutzungskoordinierung und zugleich bis zu einem gewissen Grade auch Anpassung der Nutzung an die landschaftlichen Gegebenheiten, als Teilziele einer Landschaftsdiagnose, finden deshalb nur in Ausschnitten des Territoriums statt. Das betrifft vorrangig die Landschaftsteile mit Schutzstatus als Landschafts- bzw. Naturschutzgebiet. Besonders für letztere kann die DDR auf ein solides Fundament verweisen. Für diese Gebiete (ca. 0,7% des Territoriums) liegen nahezu vollständige Unterlagen vor, die, einer Landschaftsdiagnose entsprechend, Behandlungsrichtlinien zur Erhaltung und Entwicklung von Landschaftsbild- und -struktur darstellen. An ihrer Vervollkommnung wird zudem intensiv gearbeitet (vgl. Tille, 1981; Grosser, 1982). Nicht ganz so günstig sieht es auf dem Gebiet der Landschaftspflegepläne für LSG aus, bei denen noch für einen höheren Anteil (ca. 25—30%) bestätigte Unterlagen vorgelegt werden müssen, zumal ca. 20% des Territoriums als Landschaftsschutzgebiete ausgewiesen sind.

In den erarbeiteten Materialien (Landschaftspflegeplan) wird, ausgehend vom Zustand des Landschaftsraumes, bei Einhaltung der gegebenen Empfehlungen sowie Abstimmung der oft konkurrierenden Flächennutzungsformen, eine eindeutige Zielstellung zur Entwicklung bzw. Veränderung des Landschaftsraumes gegeben, die sich im Rahmen des Tragbaren bewegt. Dabei ist die Verwirklichung des Landschaftsplanes oft weniger kostenintensiv als angenommen, erfordert aber naturwissenschaftliche sowie gesellschaftswissenschaftliche Kenntnisse und ihre bewußte Anwendung durch die beteiligten Partner.

Natürlich gibt es auch Ausnahmen, denn ein Landschaftspflegeplan für das östliche Erzgebirge (LSG seit 1971) trägt bei Überlagerung aller naturräumlichen und nutzungsbedingten Grundlagen durch eine sich weiter verschärfende lufthygienische Situation und ihre vielschichtigen Folgeerscheinungen gewissermaßen nur noch „kosmetischen“ Charakter. Im Osterzgebirge haben sich in den letzten Jahren Veränderungen in der Umweltqualität ergeben, die in dieser Form nicht vorherzusehen waren, wodurch sich nicht nur die Erarbeitung eines Landschaftspflegeplanes (1. Entwurf 1980) verzögerte, sondern zugleich sichtbar wird, daß die Festlegungen eines staatlichen Dokumentes zur Landschaftsnutzung ständig aktualisiert werden müssen.

Offensichtlich sind mehr als 25 Jahre vergangen, ohne an solche unverzichtbare Forderungen anknüpfen zu können, wie sie in den Auswertematerialien der Forschungsarbeit „Landschaftsdiagnose der DDR“ (LINGNER/CARL, 1958) formuliert worden waren.

Die seinerzeit bereits gegebenen Empfehlungen

- die landschaftsverändernden Eingriffe auf Notwendigkeit und Richtigkeit zu prüfen;
- den Anteil schädigender Maßnahmen auf ein Minimum zu reduzieren;
- alles zu fördern, was sowohl ökonomisch als auch landschaftsschonend ist;
- jegliche Beeinträchtigung der Nutzungsfähigkeit der Naturreichtümer zu verhindern;

müssen im Spiegel aktueller Beschlüsse oder gesetzlicher Verordnungen[1] gesehen werden. Daraus wird unschwer erkennbar, daß sowohl das Wissen um die Bedingungen und Gegebenheiten der Planungsräume als auch die Verwirklichung bisheriger langfristiger Planungsstrategien in bezug auf Nutzungskoordinierung, Landschaftspflege, Erhaltung der Naturressourcen usw. nicht ausreichend gewesen sein kann.

Unter den Prüfkriterien einer Landschaftsdiagnose sind beim jetzt erreichten Verhältnis zwischen Nutzungseingriff und Landschaftszustand sogar für die Planung medizinisch-geographische Aussagen nicht mehr zu übergehen. Durch fortschreitende Veränderung kann oder könnte es, wenn auch in begrenzten Regionen, dazu kommen, daß man Gebiete mit einem bestimmten Grad an Luftverschmutzung (SO_2-Gehalt in mg pro m^3 Luft) oder an Trinkwasserkontamination (NO_3 in mg pro l Wasser) aus medizinischer Sicht als nur beschränkt nutzbar ausweisen muß. Wenn diese Möglichkeit auch mehr einer theoretischen Vollständigkeit der Problemerörterung entspringt, so ist sie doch eine Konsequenz aus Versäumnissen der Vergangenheit.

[1] Bodennutzungsverordnung v. 26. 02. 1981,
Wassergesetz v. 02. 07. 1982,
Beschluß des Politbüros des ZK der SED v. 25. 02. 1983 zum Schutz der Wälder.

6. Zusammenfassung

Landschaftsdiagnose berührt, wie zu zeigen versucht wurde, eine Fülle aktueller Fragen im Wechselverhältnis zwischen Gesellschaft und Natur, vor allem hinsichtlich einer vorausschauenden Entwicklung und Gestaltung unserer Kulturlandschaft. Es zeigt sich, daß besonders die aus der Landschaftsdiagnose erwachsenden, also geoökologisch begründeten, Planungskonsequenzen das Ziel haben, Art und Ausmaß der durch gesellschaftliche Nutzung hervorgerufenen Veränderungen zu kontrollieren und zu beherrschen. Demzufolge darf für die Beurteilung des Landschaftswandels, die Landschaftsdiagnose als der planbezogene Beitrag physisch-geographischer Landschaftsforschung bezeichnet werden.

Auch wenn zahlreiche Beispiele belegen, daß die gegenwärtige Planung der Landschaft im Rahmen der Territorialplanung noch nicht der erforderlichen Einheit von Landschaftsanalyse — Landschaftsdiagnose — Landschaftsprognose entspricht bzw. als Landschaftsplanung nicht genügend zum Tragen kommt, so zeigt die beträchtlich anwachsende Diskussion, einschließlich der Literatur zu Fragen der Eignung und Belastbarkeit von Landschaften, daß grundsätzlichen theoretischen Erkenntnissen bald auch konkrete Maßnahmen im Bereich einer landschaftsbezogenen Planung folgen müssen.

Die Beschäftigung mit den aufgeworfenen Problemen liefert auch den Beweis dafür, daß E. NEEF mit großem Weitblick bereits vor über 3 Jahrzehnten solche Zielstellungen formulierte (NEEF 1950b) mit deren Verwirklichung in der Praxis man sich noch heute beschäftigen muß:

„Denn ist es erst einmal gelungen das räumliche Denken, das Verständnis für landschaftliche Zusammenhänge zu entwickeln, dann wird es keiner Diskussion mehr bedürfen, welchen Wert die Geographie besitzt und in welchem Umfang oder ob sie überhaupt an den großen Planungsaufgaben der Gegenwart teilnehmen kann."

Literatur

BARTHEL, H.: Braunkohlenbergbau und Landschaftsdynamik. Ein Beitrag zum Problem der Beeinflussung der Kulturlandschaft in den Braunkohlenrevieren, dargestellt am Beispiel des Zeitz—Weißenfelser Reviers, Gotha 1962, Ergänzungsheft 270 zu Peterm. Geogr. Mitt.

BERNHARDT, A.: Flächennutzungswandel mit der Bildung einer kooperativen Abteilung Obstbau — eine Fallstudie. in: Abh. d. Sächs. Akad. d. Wiss. zu Leipzig, math.-nat. Klasse Bd. 54, H. 1, 1979 S. 18—30

BILLWITZ, K.: Theoretische und methodische Probleme der Erfassung des landeskulturellen Zustandes des Territoriums unter besonderer Berücksichtigung der Stadtrandzonen von Halle und Leipzig. Diss. B, Martin-Luther-Univ. Halle/Wittenberg, 1977

BUCHWALD, K. ENGELHARDT, W.: Handbuch für Landschaftspflege und Naturschutz Bd. IV (Planung und Ausführung) Bay. Landwirtschaftsverlag, München 1968/69

BUCHWALD, K.: Landespflege. Handbuch der Raumforschung und Raumordnung, Bd. II Hannover 1970, S. 1670–1706

BUCHWALD, K.: Landschaftspflege in einer sich wandelnden Gesellschaft: Aufgaben und Methoden. in: LEIBUNDGUT, H. (Hrsg.), Schutz unseres Lebensraumes, Symposium a. d. ETH Zürich, München–Bern–Wien, 1971 S. 134–151

EWALD. K.: Der Landschaftswandel – Zur Veränderung schweizerischer Kulturlandschaft im 20. Jahrhundert. Tätigkeitsberichte der Naturforsch. Gesell. Baselland, Bd. 30, Liestal 1978, S. 55–308

FELS, E.: Der wirtschaftende Mensch als Gestalter der Erde. Stuttgart, 1954 (2. Aufl. 1964)

FINK, J.: Die Veränderungen der Böden in der Kulturlandschaft (mit besonderer Berücksichtigung Österreichs). Mitt. d. Österr. Geogr. Ges. Wien, 105, 1963, H. 3 S. 511–518

GRABIG, J. HILDEBRAND, H.: Schwerpunkte des Gewässerschutzes in ländlichen Gebieten. WWT, 31, 1981, H. 5, S. 153–155

GROSSER, K.-H.: Zur Beurteilung des Bearbeitungsstandes und zur Weiterführung der Forschung in Naturschutzgebieten. Archiv Naturschutz und Landschaftsforschung 22, 1981, H. 1, S. 1–8

HAASE, G.: Ökologisch-geographische Grundlagen für die Planung und Durchführung landeskultureller Maßnahmen. Reihe Technik und Umweltschutz, Bd. 19 (Technologische und technische Lösungen zu landeskulturellen Aufgaben), Leipzig 1978, S. 13–33

HAASE, G. u. a.: Kennzeichnung und Kartierung von Naturraumtypen im mittleren Maßstabsbereichen. Wiss. Mitt. d. IGG d. AdW d. DDR, Sonderheft 1, Leipzig 1982

HAASE, G. NIEMANN, E.: Geographische und ökologische Grundlagen der Landschaftsplanung – dargestellt an Beispielen aus der DDR. IV. Intern. Symp. zur Problematik d. ökol. Landschaftsforschung; Smolenice, CSSR 1976, 21 S. (unveröff. Manuskript)

HAASE, G., RICHTER, H.: Geographische Landschaftsforschung als Beitrag zur Lösung von Landeskultur- und Umweltproblemen. Sitzungsber. d. AdW d. DDR, math.-nat. Reihe 5 N, 1980 (Schriften f. E. Lehmann), S. 25–51

HARTSCH, I.: Folgeerscheinungen von Intensivviehhaltungen im Verhältnis zur Landschaftsstruktur des Umlandes. (Arbeit in diesem Heft)

HENTSCHEL, P.: Zur Ermittlung der Nutzungsinterferenz und Abstimmdringlichkeit im Rahmen der Landschaftsplanung. Archiv Naturschutz u. Landschaftsforschung 17, 1977, H. 1, S. 27–33

HERZ, K.: Physiotopgefüge und Landnutzung. Peterm. Geogr. Mitt. 113, 1969 H. 1, S. 21–29

HOFMANN, R., RÖSKE, J.: Ergebnisse der monatlichen Untersuchungen des Nitratgehaltes in zentralen Wasserversorgungsanlagen des Bez. Karl-Marx-Stadt. Zeitschr. ges. Hygiene 28, 1982, H. 1, S. 56–58

JÄGER, K.-D.: Konkurrierende Flächennutzer am Müggelsee. in: NEEF, E.: Abh. d. Sächs. Akad. d. Wiss. z. Leipzig, math.-nat. Klasse, Bd. 54, H. 1, Berlin 1979

KRAMER, M.: Bodenerosion und Flurordnung im mittelsächsischen Lößgebiet. Wiss. Abh. d. Geogr. Ges. d. DDR, Bd. 15, Gotha 1981, S. 211–220

LINGNER, R., CARL, F. E.: Über die Forschungsarbeit „Landschaftsdiagnose der DDR". Städtebau und Siedlungswesen, H. 2 1955, S. 100–101

LINGNER, R., CARL, F. E.: Die Forschungsarbeit „Landschaftsdiagnose der DDR". Verlag Technik Berlin, 1957

LINGNER, R.: Die Forschungsarbeit Landschaftsdiagnose der DDR. Schriftenreihe Gebiets-Stadt- und Dorfplanung Berlin 1959, S. 7–18; (Bericht zur Fachtagung „Landschaft und Planung" a. d. Deut. Bauakademie Berlin November 1957)

MANNSFELD, K.: Beiträge zur Ableitung der natürlichen Potentialstruktur aus der naturräumlichen Ordnung. Diss. B. TU Dresden, 1981 (a)

MANNSFELD, K.: Landeskulturelle Auswirkungen moderner Agrarproduktion an Beispielen aus dem Westlausitzer Hügelland. Wiss. Abh. d. Geogr. Ges. d. DDR, Bd. 15, Gotha 1981 (b), S. 179–191

MANNSFELD, K.: Landschaftsanalyse und Ableitung von Naturraumpotentialen. Abh. d. Sächs. Akad. d. Wiss. zu Leipzig, math.-nat. Klasse, Bd. 53, H. 3, Berlin 1983

MECKELEIN, W.: Entwicklungstendenzen der Kulturlandschaft TH Stuttgart, Selbstverlag, 1965 zugleich auch: PFAFFEN, K. H. (Hrsg.). Das Wesen der Landschaft – Wege der Eorschungen Bd. XXXIX, Darmstadt 1973, S. 292–422

NEEF, E., RICHTER, H., BARSCH, H., HAASE, G. u. a.: Beiträge zur Klärung der Terminologie in der Landschaftsforschung. Manuskriptdruck b. IGG der AdW, Leipzig 1973

NEEF, E.: Landesplanung und geographische Forschung. Ber. z. dt. Landeskunde 1950 (a), S. 310–332

NEEF, E.: Der Volkswirtschaftsplan 1950. Z. f. d. Erdkundeunterricht 2, 1950 (b), H. 2, S. 49–59

NEEF, E.: Kausalitätsproblem in der Entwicklung der Kulturlandschaft. Wiss. Zeitschr. d. KMU-Leipzig, 1951/52, S. 81–91

NEEF, E.: Über die Veränderlichkeit unserer geographischen Umwelt. Ber. üb. d. Verh. d. Sächs. Akad. d. Wiss. Leipzig, math.-nat. Klasse, Bd. 103, Heft 4, Berlin 1959

NEEF, E.: Anwendung und Theorie in der Geographie. Peterm. Geogr. Mitt. 111, 1967, H. 3, S. 200–206

NEEF, E.: Geographie und geologische Entwicklungsprobleme (Die Tätigkeit des Menschen und ihre Bedeutung für die geologische Evolution). Z. f. geol. Wiss. 2, 1974 (a), H. 8, S. 919–826

NEEF, E.: Untersuchungen zu landeskultureller Funktion und Dynamtk chorischer Strukturen tn theoretischer Sicht und an Hand von Beispielen. FR Geographie/Phys. Geogr./F/E-Mat. 17/74 Dresden, 1974 (b), (unveröff. Manuskript)

NEEF, E.: Nebenwirkungen der gesellschaftlichen Tätigkeit des Menschen im Naturraum. Peterm. Geogr. Mitt. 120, 1976, H. 2, S. 141–144

NEEF, E.: Analyse und Prognose von Nebenwirkungen gesellschaftlicher Aktivitäten im Naturraum. Abh. d. Sächs. Akad. d. Wiss. zu Leipzig, math.-nat. Klasse, Bd. 54, H. 1, Berlin 1979

NEEF, E.: Landschaftsverändernde Prozesse. Geogr. Rundschau 32, 1980, H. 11, S. 474–477

NEEF, E:. Zur Problemgeschichte der Kulturlandschaft. Festschrift f. W. Rossow, Stuttgart 1980, S. 42–46

NEEF, E.: Kulturlandschaft Redivivus. Kulturlandschaftsforschung – ein Hauptanliegen der Umweltproblematik Geogr. Zeitschrift 2, 1982, S. 212–221 (Festschrift f. H. Uhlig)

NIEMANN, E.: Methodik zur Bestimmung der Eignung, Leistung und Belastbarkeit von Landschaftselementen und Landschaftseinheiten. Wiss. Mitt. d. IGG d. AdW der DDR, Sonderheft 2, Leipzig, 1982

PAUCKE, H., LUX, E.: Physiologische und ökologische Betrachtungen zur Wirkung von Immissionen auf Wälder. Hercynia N. F. 19, 1982, H. 2, S. 249–272

RATHJENS, C.: Die Formung der Erdoberfläche unter dem Einfluß des Menschen. Teubner Studienbücherei, Stuttgart 1979

SANDNER, E., BIELER, J.: Zur Konzeption geoökologischer Karten für die Landschaftsdiagnose und Landschaftsplanung. Peterm. Geogr. Mitt. 125, 1981, H. 1, S. 63–68

SCHERF, K.: Landschaftsplanung aus der Sicht der Territorialplanung und Territorialforschung. Wiss. Abh. d. Geogr. Ges. d. DDR, Bd. 14, Gotha, 1978, S. 11–16

SUKOPP, H.: Wandel von Flora und Vegetation in Mitteleuropa unter dem Einfluß des Menschen. Berichte üb. Landwirtschaft, Sonderh. 50, Hamburg 1972, S. 11 bis 139

TILLE, W.: Ökologische Forschungen in Naturschutzgebieten als Beitrag für die planmäßige Gestaltung der Umwelt. Wiss. Abh. d. Geogr. Ges. d. DDR, Bd. 15, Gotha 1981, S. 41–47

TROLL, C.: Die geographische Landschaft und ihre Erforschung. Studium Generale, 3, 1950, H. 4/5, S. 163–181

FOLGEERSCHEINUNGEN VON INTENSIVVIEHHALTUNG IM VERHÄLTNIS ZUR LANDSCHAFTSSTRUKTUR DES UMLANDES

Inge Hartsch

Inhalt

1. Einleitung – Problemstellung

In der Entwicklung der sozialistischen Landwirtschaft führten in der jüngeren Vergangenheit gesellschaftliche Aktivitäten, die sich aus den Anforderungen des Reproduktionsprozesses auf der gegenwärtigen Stufe der Entwicklung der Produktivkräfte ergaben, zu neuen Formen der Flächennutzung. Diese umfassen sowohl Flächenumwidmungen, wie z. B. die Einführung des Intensiv-Obstbaues, als auch neue industriemäßige Verfahren im Rahmen traditioneller Anbauformen, wie die umfangreiche Chemisierung, die verschiedenen Meliorationsverfahren oder die mit der einstreulosen Viehhaltung verbundene Gülledüngung.

Diese neuen Arbeitsprozesse des industriell-technischen Zeitalters sind verknüpft mit einer nach Art und Intensität raschen Zunahme gesellschaftlicher Eingriffe in den Stoff- und Energiehaushalt des Natursystems. Da der Naturhaushalt ein vielfältig vernetztes Regelsystem darstellt, wird jeder Eingriff in dieses System als von außen wirkende Störgröße einzelne Teilglieder oder das ganze System beeinflussen und sein Gleichgewicht verändern oder labilisieren. Auf den als Impuls wirkenden gesellschaftlichen Eingriff in Form von Beanspruchung einzelner Systemglieder erfolgt als Antwort des Natursystems die nach Art und/oder Stärke oft unerwartete Veränderung des ganzen Systems oder einzelner seiner Teile, die als ungewollte Nebenwirkungen neben den erzielten und geplanten Veränderungen sichtbar werden (Neef, E. 1976, 1979).

Je besser es gelingt, diese im Natursystem durch gesellschaftliche Eingriffe ausgelösten Wirkungen in Form von Prozessen und Prozeßabfolgen in ihren komplizierten Verflechtungen zu erkennen, um so eher wird es möglich sein, diese Folgewirkungen zu prognostizieren und die Eingriffe so zu gestalten, daß die Antwortreaktionen des Natursystems eine weniger steigende Schädigung unserer Umweltqualität anzeigen. Da die Auswirkungen gesellschaftlicher Eingriffe naturgesetzlichen Steuerungen unterliegen, geschieht dies am besten, wenn sich bereits Art und Weise dieser Eingriffe darauf einstellen. Das würde — im Idealfalle — bedeuten: Statt „Beherrschung" der Natur durch Unterbrechung natürlicher Kreisläufe mit immer höherem Energie- und Kostenaufwand — Ausnützen der Regelmechanismen der natürlichen Kreisläufe für die gesellschaftlichen Ziele, der „Gratisleistungen der Natur", durch Einfügen geringer Steuerenergien (Beispiel: Biologische Schädlingsbekämpfung).

Diese Erkenntnis gewinnt in zahlreichen mit der Praxis verbundenen Wissensbereichen an Bedeutung. In der Agrarforschung führt sie zur Forderung nach verstärkter „Entwicklung und Anwendung mikrobieller, biochemischer und bioanaloger Prozesse", durch die entscheidende Reserven zu erschließen seien (SPAAR, D. 1981). Diese Reserven sind in doppelter Hinsicht zu sehen. Einmal als im Natursystem liegende, noch unausgeschöpfte Möglichkeiten, zum anderen in eingesparten „Reparaturkosten". Denn die Erfahrungen der letzten beiden Jahrzehnte haben gezeigt, daß die Bewirtschaftung von Naturreichtümern immer dann zu hohen ökonomischen Aufwendungen führte, wenn durch mangelnde Berücksichtigung der genannten Wechselbeziehungen und Wechselwirkungen nachträgliche Schadensreparaturen notwendig wurden.

Die für eine Minimierung der Nebenwirkungen notwendige Kenntnis der durch gesellschaftliche Arbeitsvorgänge im Territorium ausgelösten Prozesse verlangt eine Analyse dieser Vorgänge und ihrer Auswirkungen in den verschiedenen Teilsystemen des Naturhaushaltes.

Für die industrielle Viehhaltung mit Güllewirtschaft als einer der wesentlichen gesellschaftlichen Innovationen auf dem landwirtschaftlichen Sektor der Volkswirtschaft soll im folgenden — allgemein und an einem Fallbeispiel — erörtert werden, welche gesellschaftlichen und natürlichen Bedingungen für die schadarme Eingliederung des Flüssigdüngers Gülle in den Naturhaushalt zu berücksichtigen sind.

2. Güllewirtschaft — allgemeine Problematik

Die industriemäßig betriebene einstreulose Intensiv-Viehhaltung mit Güllewirtschaft besitzt bedeutende betriebs- und arbeitswirtschaftliche Vorteile: hohe Steigerung der Bruttoproduktion, Arbeitskräfteeinsparung, vor allem aber entscheidende Verbesserung der Arbeits- und Lebensbedingungen der Beschäftigten.

Die als Sekundärrohstoff anfallende Gülle liefert einen großen Anteil der für die Pflanzenproduktion notwendigen Nährstoffe N, P und K und der organischen Substanz, die nirgends mit weniger Energie- und Kostenaufwand beschaffbar sind und deren effektivster Einsatz für die Erhaltung der Bodenfruchtbarkeit und ein hohes Ertragsniveau ein wichtiges Politikum der Gegenwart ist.

Die starke Konzentration des Viehbesatzes im Territorium und die einstreulose Tierhaltung führen allerdings zu Ver- und Entsorgungsdimensionen, die denen städtischer Siedlungen entsprechen. Die ausreichende Wasserversorgung großer Stallanlagen ist häufig nicht aus dem Territorium selbst, sondern nur durch Bezug zusätzlichen Fremdwassers zu decken, das vom Territorium in Form landwirtschaftlichen Abwassers wieder aufgenommen werden muß. Dabei produziert eine 2000er Rinderanlage eine Schmutzlast von 2400 EWG und die für die Futterversorgung notwendige moderne Silowirtschaft bedingt hoch aggressive Silosaftausstöße, die großstädtischen Abwasserphänomenen gleichkommen. Aus den sich daraus ergebenden aktuellen und potentiellen Belastungen resultiert, daß das gesamte der Güllewirtschaft unterworfene Areal „einem veränderten landeskulturellen und gesamthygienischen Status" (Motz, R. 1972) unterliegt. Damit sind massive Eingriffe in den Naturhaushalt verbunden, die zu ungewollten landeskulturellen Folgewirkungen führen und wiederum ökonomische Probleme auslösen können, die bilanzmäßig u. U. die primären ökonomischen Vorteile aufheben können.

Diese Folgewirkungen auf die Umwelt werden verursacht durch Gerüche, Staub, pathogene Mikroorganismen, sowie Inhaltsstoffe der flüssigen tierischen Exkremente, die die Umweltbereiche Luft, Wasser, Boden, Flora und Fauna und das Landschaftsbild direkt oder indirekt beeinflussen und andere Nutzungsansprüche an das Territorium beeinträchtigen können.
Die Umweltwirkungen entstehen in zwei räumlichen Bereichen:

- am Stallstandort als Ort der Tierhaltung, der Sammlung und Aufbewahrung der Exkremente und Lagerungsort für Futter und
- im weiteren Umland, d. h. auf den Flächen, auf denen die tierischen Exkremente verwertet werden, einschließlich der Transportwege zwischen Stall und Verwertungsfläche.

Die Umweltbeeinträchtigungen können zunächst geringfügig erscheinen oder sogar erst durch Langzeitwirkungen und Summation sichtbar werden, aber auch in Form akuter Konflikte auftreten. Ihr Ausmaß wird von zahlreichen Faktoren bestimmt. Dazu gehören insbesondere: die Wahl des Stallstandortes, die Höhe der Tierkonzentration im Territorium, das Vorhandensein einer ausreichenden Gülleeinsatzfläche und der notwendigen Speicherkapazität.

Die Wahl der Großstallstandorte wird vorrangig von ökonomischen Standortbedingungen bestimmt: möglichst zentrale Lage im Produktionsterritorium zur Minimierung von Futter- und Abprodukttransporten, günstige Erreichbarkeit, Deckung des AK-Bedarfs. Des weiteren spielen diejenigen Natur- und Landschaftsfaktoren eine Rolle, die ebenfalls vorrangig ökonomische Bedeutung haben: eine auch in Trockenzeiten ausreichende Wasserversorgung und die Lage zum bestehenden Siedlungsnetz zur Einschränkung der Geruchsbelästigung. Daß hierzu auch die Berücksichtigung des Mesoreliefs notwendig ist, wird häufig zu wenig beachtet. Dies gilt besonders für die Lage der Großstallanlagen zum Vorfluter, da die allgemeine Havariegefahr ein vielfach unterschätztes Problem ist. Aus der Größenordnung des Abproduktanfalls ergibt sich, daß bereits geringfügige Havarien zu so hohen toxischen Belastungen der Vorfluter führen können, daß diese über Jahre hinaus ökologisch schwer geschädigt werden. Dies führt zur ständigen potentiellen Gefährdung von Wassergewinnungsanlagen und Trinkwasserschutzzonen in den durch Großställe beeinflußbaren Talabschnitten.

Die Höhe des Tierbesatzes im Territorium im Verhältnis zur Größe der zur Verfügung stehenden landwirtschaftlichen Nutzfläche ist ein entscheidendes, streng zu prüfendes Kriterium zur Beurteilung, ob ein möglichst störungsfreies Eingliedern der Abprodukte in den Naturhaushalt und eine effektive Verwertung der anfallenden Pflanzennährstoffe und der organischen Substanz erwartet werden können.

Bei der Auswahl und Beurteilung der Gülleeinsatzflächen ist ein ganzer Komplex von Bedingungen zu beachten: Neben den sonstigen Nutzungen des Territoriums durch die Gesellschaft und den dadurch bedingten Restriktionen für die Gülleanwendung (Siedlungs- und Verkehrsnetz mit Schutzabständen zu Ortsrändern und Straßen, Trinkwassereinzugs- und Trinkwassergewinnungsgebiete mit Schutzzonen) sind es die Vorgaben durch die landwirtschaftliche Produktion selbst, die für den Einsatz der Gülle wesentlich sind: Anbauverhältnis, Ausbringungsverfahren, (Verregnung, mobile Ausbringung, kombinierte Verfahren), Dränflächenanteile u. a. Von entscheidender, auch die genannten Bedingungen mit beeinflussender Bedeutung sind die Naturbedingungen des Territoriums: Hangneigungen, Meso- und Feinrelief, Grundwasser- und Vorflutsituation, sowie besonders die Eigenschaften der Böden, die die Flüssigdünger aufnehmen sollen.

Die ausreichende Speicherkapazität für den kontinuierlichen Gülleanfall bei nur diskontinuierlich möglicher Gülleverwertung in der Pflanzenproduktion (BREITSCHUH, 1982) gewährleistet eine schadarme Ausbringung der Gülle durch Anpassung von Anwendungszeit und Belastungshöhe an die standörtlichen und pflanzenbaulichen Bedingungen unter Berücksichtigung von Anbauverhältnis, Klimazone und der Bodenarten sowie veterinärhygienischer Erfordernisse. Aber auch die Berücksichtigung der notwendigen Schutzabstände zu Siedlungen und Gewässern, der Dränflächenanteile und der Befahrbarkeitsgrenzen beeinflussen die Höhe der notwendigen Speicherkapazität (Breitschuh, 1982).

Diese grundlegenden Bedingungen für eine volle Ausnutzung der wertvollen in der Gülle enthaltenen Nährstoffe und der organischen Substanz für den Bedarf der Pflanzenproduktion bei störungsfreiem Eingliedern der Abprodukte in den Naturhaushalt und Einhalten landeskultureller und hygienischer Anforderungen werden in der Praxis in der Regel in sehr unterschiedlichem Maße erfüllt. Mangelhafte territoriale Eingliederung von Großstallanlagen führt zu Gülleausbringungszwang, der es kaum erlaubt, die komplizierten Ausbringungsbedingungen zu berücksichtigen: die Bodenaufnahmefähigkeit, die pflanzenphysiologisch günstigen Zeitpunkte, die den Fruchtarten entsprechenden Aufwandmengen, die witterungsbedingten Nichtausbringungszeiträume, die Einhaltung der vorgeschriebenen Schutzabstände zu Ortschaften und Gewässern u. a. m., Belastung der Arbeits- und Wohnumwelt mit Güllegeruch und keimbeladener Tröpfchenabdrift und Gefährdung der Gewässer, des Grundwassers und des Erntegutes sind die mögliche, Schädigung der Böden die sichere Folge. Ein nachträglich realisiertes, ökonomisch aufwendiges „Reparaturprogramm" kann wohl teilweise Schäden mildern, bei der Standortwahl einmal begangene Fehler aber nie mehr völlig ausgleichen (Kempny und Krannich in „Effektive Gülleverwertung", 1978).

3. Fallbeispiel

Am Beispiel einer LPG (P) im Übergangsbereich vom Hügelland zum Vorgebirge seien diese in ihren wechselseitigen Abhängigkeiten komplizierten Bedingungen aufgezeigt. Das Territorium dieser LPG (P) umfaßt ca. 5800 ha LN, davon sind 72% Ackerland. In diesem Gebiet werden 9500 fGV (1982) gehalten, davon 46,8% in 13 Gülleställen unterschiedlicher Produktionsrichtung und Größe (2 Großstallanlagen mit 1930 und 616 fGV und 11 Rekonstruktionsställe). Etwa 86% des gesamten Viehbestandes sind Rinder, von denen doppelt so viel einstreulos gehalten werden wie im DDR-Durchschnitt. Das Gebiet kann hinsichtlich des Profils der Tierproduktion somit als ausgesprochenes Rinderhaltungsgebiet mit hohem Anteil der einstreulosen Aufstallung gekennzeichnet werden. Die gesamten Tierbestände des Territoriums entsprechen umgerechnet einem Belastungswert von 74000 Einwohnergleichwerten.

Die territorialen Besonderheiten des Gebietes haben zur Folge, daß das gesamte Grünland aus wasserwirtschaftlichen Gründen nicht begüllt werden kann und das Ackerland nur zu 65,7% begüllungsfähig ist. Hauptursachen für den hohen Anteil an Güllesperrflächen auf Ackerland sind:

- zahlreiche flächenmäßig z. T. ausgedehnte Trinkwasserschutzzonen und Vorbehaltsflächen (für private Wasserfassungen),
- z. T. dichtes Gewässernetz mit vorgeschriebenen Schutzabständen bei angrenzenden stärker geneigten Flächen,
- hoher Anteil von Hanglagen > 10% (arbeitstechnische Restriktion für Güllefahrzeuge) außerhalb der Schutzzonen,
- hoher Getreideanteil an der Fruchtfolge von rd. 50% mit geringer Gülleaufnahmefähigkeit,
- Wegfall von Ackerland durch Wohnungsbaustandorte,
- dichtes Netz kleiner Siedlungen, für die bei Begüllung eine Abstandspflicht von 200 m besteht (wobei diese Flächen in den 34,3% Restriktionsflächen des Ackerlandes nicht enthalten sind).

Die Gesamtbelastung des verbleibenden Ackerlandes mit Gülle beträgt jährlich ca. 60 t/ha; mit N-haltigen Abprodukten (d. h. einschließlich Jauche, Silosaft, Teil der Siedlungsfäkalien) insgesamt 77,7 t/ha (berechnet nach vorgegebenen Normwerten des Anfalls). Von den beiden territorialen Bereichen der LPG (P) ist derjenige (Betriebsabteilung I) besonders hoch belastet, in dem in den 70er Jahren die beiden Großstallanlagen mit einer Entfernung von nur 1,5 km Luftlinie voneinander errichtet wurden. Hier sind pro Jahr 94,7 t/ha an N-haltigen Abprodukten insgesamt zu verwerten, das entspricht einer N-Belastung aus Flüssigdüngern von über 200 kg/ha und bedeutet nach neuer TGL-Norm[1] [2] eine absolute Überforderung der Aufnahmefähigkeit dieses Raumes. Die zur Aufnahme der Abprodukte zur Verfügung stehende Flächengröße entspricht bei weitem nicht der Höhe des Tierbestandes.

Kurz nach Inbetriebnahme des zweiten Großstalles erwies sich, daß ungenügend aufeinander abgestimmte organisatorische, arbeitswirtschaftliche u. a. Faktoren, vor allem aber die mangelhafte Berücksichtigung der territorialen Bedingungen bei der Standortwahl zum permanenten Überangebot an Gülle, dem genannten ständigen Ausbringungszwang und damit zur mangelnden Entscheidungsfreiheit und der Hinnahme acker- und pflanzenbaulicher Nachteile und Risiken sowie ständiger Havariegefahr führten.

Eine Verbesserung des alarmierenden Zustandes konnte nur eine drastische Senkung des Gülleanfalls bringen (1982 Inbetriebnahme einer biologischen

[1] TGL 24198/04, Entwurf März 1982: N-Aufwand aus Gülle in Abhängigkeit von Anbauverhältnis und Einsatzstufen für Gülle-N

[2] Zum Vergleich: DDR-Durchschnitt im Verbrauch von N-Dünger/ha LN: 119,9 kg (1980)

Reinigungsanlage für die vorflutgerechte Aufbereitung von Milch- und Melkhausabwässern des 2000er Stalles, Forderung nach Reduzierung des Wasserverbrauchs in den Ställen und Erhöhung des Trockensubstanzgehaltes der Gülle bis zur technischen Höchstgrenze, Einführung mehrmonatigen sommerlichen Weideauftriebs für mehrere kleinere Ställe). Die Gülleausbringung soll dadurch besser dem Nährstoffbedarf der Pflanzen angepaßt werden, eine bessere Ausnützung der Güllenährstoffe, eine Einsparung von Mineraldünger und ein wirksamer Schutz der Gewässer vor N-Auswaschung und Abspülung erreicht werden[1].

Obwohl durch die verschiedenen Verbesserungsmaßnahmen die Flächenbelastung mit N-haltigen Abprodukten insgesamt auf reichlich 60 t/ha für die gesamte LPG (P) und auf reichlich 70 t/ha für die Abteilung I gesenkt werden kann, bleiben hier noch immer ca. 46% des Jahresanfalls (rd. 40000 m^3) als Dauerlast unbewältigt, sind also nicht in den effektiven Verwertungsprozeß einzugliedern.

Das führte bereits im Herbst 1982, d. h. in einem außerordentlich niederschlagsarmen Jahr mit reduziertem Gülleanfall und mit vom Bodenzustand her uneingeschränktem Flächenangebot für die Ausbringung, zur Errichtung einer Hochlastfläche für die Beseitigung unkontrollierter Güllemengen. Der damit verursachten Nährstoffverschwendung stehen extreme Bodenschäden, starke Geruchsbelästigungen und Gefährdung eines Fließgewässers und des für Trinkwassergewinnung genutzten Grundwassers in dessen Aue zur Seite. Auch aufwendige Korrekturmaßnahmen vermögen also Fehler der Standortwahl nicht mehr völlig zu kompensieren.

Besondere Berücksichtigung fordern vor allem die naturräumlichen Bedingungen des Territoriums dieser Betriebsabteilung, die Differenzierung in zwei sehr unterschiedlich strukturierte Naturräume der chorischen Dimension:

— lößlehmbedeckte, schwach geneigte, wenig gegliederte Plänerplatten,
— stark zertalter, unruhig gestalteter Ausraumbereich des Rotliegenden.

Diese beiden Naturräume bieten einen jeweils völlig anderen Bedingungsrahmen für die Verwertung der Flüssigdünger, sind unterschieden in ihrer Eignung für deren effektive Einordnung in das Düngungssystem und entsprechend differenziert in den Auswirkungen, die wiederum ökonomisch relevant werden können. Für eine Prognose der möglichen Reaktionen des Natursystems sind sie daher unbedingt zu berücksichtigen.

Die in Tabelle 1 zusammengestellten ausgewählten Parameter der Natur-

[1] Mineraldünger-Äquivalent für Gülle-N je nach Witterung, Boden usw. bei
Herbstausbringung: 30% i. D.
Frühjahrsausbringung: 60% i. D.

Tabelle 1

Ausgewählte Parameter zur Beurteilung der schadarmen Gülleaufnahmefähigkeit zweier Naturräume (Mikrochoren) des Fallbeispiels

	1	2	3	4	5	6	7
	Anteil der Hangneigungsgruppen in % der Mikrochoren — Gesamtfläche		Generelle Taldichte in km/m²	Länge der Täler mit Fließgewässern in km	Anteil von Güllesperrflächen in % des Ackerlandes		
	Flachhänge 0–7° (≤ 12,5%)	Mittelhänge 7–12° (≤ 20%)			Hangflächen über 10% (außerhalb der Schutzzonen)	Schutzzonen	Gesamtanteil
Lößplatten	83,8	11,7	0,64	11,5	15,0	2,7	17,7
Ausraumbereich des Rotliegenden	63,4	29,5	1,30	30,0	26,9	23,6	50,5

raumanalyse und die Prozentanteile der Güllesperrflächen des Ackerlandes lassen diese Unterschiede bereits deutlich werden.

Die lößlehmbedeckten Plänerplatten verfügen über ein ausgeglichenes Relief mit geringer Zerschneidung. Die gute ackerbauliche Eignung wird noch verstärkt durch den geringen Anteil von Güllesperrflächen, besonders gering für Trinkwasserschutzzonen, da die Siedlungen dieses Raumes vorwiegend der Fernwasserversorgung angeschlossen sind. Die niedrige Taldichte reduziert Kontaminationsmöglichkeiten für Fließgewässer, die weiter herabgesetzt wird durch grünlandgenutzte und waldbestandene Talauen und Talhänge, die eine wirksame Nährstoffbarriere darstellen. Lediglich auf jeweils ein bis zwei Schlägen des Ackerlandes bestehen für die drei Kerbsohlentäler dieses Naturraumes kritische Gefahrenpunkte.

Der Rotliegendbereich besitzt eine starke Zerschneidung mit hoher Taldichte, dadurch zahlreiche Kontaminationsmöglichkeiten der kleinen Fließgewässer durch diffusen Gülleeintrag auf Ackerflächen, bzw. bei unsachgemäßer Ausbringung (Nichteinhalten der TGL-normierten Abstandspflicht von Oberflächengewässern). Das bewegte Relief ermöglicht nicht nur vielfältige Ablaufbahnen, es hat außerdem aus technologischer Sicht als Standortfaktor für die Gülleausbringung nachteilige Bedeutung. Der große Anteil an für Güllefahrzeuge nicht befahrbaren Mittelhängen (> 10%) führt zu einem hohen Ausfallsgrad reliefbedingter Güllesperrflächen. Hinzu kommt Schlupfgefahr bei Nässe auf Grund von Bodeneigenschaften (Letten- und Tongehalte). Der nahezu gleich hohe Ausfall von Trinkwasserschutzzonenflächen (einschließlich Vorbehaltsflächen für private Wasserfassungen) ist durch den hohen Ausnutzungsgrad der örtlichen Grundwasservorkommen bedingt, da die ländlichen Siedlungen dieses Raumes ihren Wasserbedarf aus dem eigenen Territorium decken. Der Schutz der meist oberflächennah gelegenen kleinen Grundwasserkörper vor Versickerung und Einspülung von Wasserschadstoffen verlangt die Ausgliederung unverhältnismäßig großer Schutzzonen, häufig bis zur Wasserscheide. Grundwassernutzung ist in diesem Naturraum damit eine mit Gülleverwertung deutlich konkurrierende Flächennutzung.

Die starke Reliefenergie und Zerschneidung einserseits und der hohe Nutzungsgrad lokaler, flachliegender Grundwasservorkommen andererseits führte in diesem Raum sogar zur Empfehlung von Einschränkungen, die teilweise noch die Restriktionen der TGL-Vorschriften übersteigen (Dränanlagen und Schutzzone III betreffend).

Für den Landwirtschaftsbetrieb bedeutet ein Anteil von 50% des Ackerlandes an Güllesperrflächen eine starke Einschränkung seiner Ausbringungsschlagkraft. Die großen Entfernungen zu den verbleibenden, begüllbaren Schlägen und Schlagteilen wirken sich negativ auf eine dem Pflanzenbedarf, der Witterung und dem Bodenzustand angepaßte Verwertung der Gülle aus. Eine weitere Einengung der verfügbaren Fläche erfolgt durch das in diesem Raum besonders dichte Netz kleiner ländlicher Siedlungen, zu deren Ortsrändern eine TGL-gemäße Abstandspflicht besteht. Kommt es zur — bei Gülleausbringungszwang nicht seltenen — Nichtbeachtung dieser Abstandszonen zu den Siedlungsrändern, sind intensive Geruchsbelästigungen der Siedlungen und u. U. gesundheitliche Gefährdung durch Tröpfchenabdrift und direkte Abspülung in Siedlungsflächen während der Ausbringung die Folge.

Naturräumliche Rahmenbedingungen für eine effektive Gülleanwendung, die den Charakter beeinflussender Standortfaktoren annehmen können, bilden neben Relief und Grundwasserressourcen insbesondere die Bodenverhältnisse. Der Boden ist „als Transformations- und Speicherorgan ein wichtiges Kettenglied im Prozeß der Gülleverwertung" (Weise, K. 1981) und reagiert auf Begüllung, besonders auf hohe Gaben, unterschiedlich.

Auf den Parabraunerden und Fahlerden der Lößplatten werden unter solchen Bedingungen die bereits lokal vorhandenen Prozesse der Staunässung und des Oberflächenabflusses verstärkt. Dabei bewirkt insbesondere der Fahrzeugdruck bei mobiler Gülleausbringung eine Strukturverschlechterung durch Bodenverdichtung, die zu Staunässeverstärkung und zum Umschlag in die nächst intensivere Stufe (Braunstaugley, Hanggley) führen kann Die substratbedingte unter bestimmten Bedingungen gegebene Krumenlabilität der Löß-Böden wird bei Gülleauftrag — besonders bei Bodenfeuchtegehalten im

Bereich der Feldkapazität — durch Bodenverschlämmung und Bildung einer Feststoffschicht weiter reduziert. Herabgesetzte Versickerungsleistung bewirkt erhöhten Oberflächenabfluß und Steigerung der Erosionsanfälligkeit. Erosionsdisponierte Schlagteile mit bereits gekappten Profilen werden besonders geschädigt.

Die charakteristischen Böden des Rotliegendbereiches (Bergsandlehm- bis Berglehmsand-Braunerden) weisen bei aller substratbedingten Verschiedenheit häufig gekappte Profile als Folgen reliefbedingter Erosion und mittleres bis niedriges Sorptionsvermögen auf. Bei hoher Infiltrationsrate werden hier Rückhaltevermögen und Nährstoffbindung herabgesetzt. Ein unter intensiver Begüllung u. U. zu befürchtender Humusabbau durch zu starke bodenbiologische Aktivierung, die auf den Humusvorrat des Bodens übergreift, weil der C-Abbau höher ist als die C-Zufuhr, befördert neben Strukturschäden eine weitere Verringerung der Sorptionsfähigkeit und hohe Auswaschungsverluste mit ungenügender Reinigung des Sickerwassers. Die für die Bodenfruchtbarkeit notwendigen Nährstoffe gehen verloren und gefährden durch zu schwache Filterleistung des Bodens das oberflächennahe Grundwasser (Konsequenz für die Ausgrenzung der Trinkwasserschutzzonen (TWSZ) s. o.). Zu hohe Güllegaben können auf den Rotliegend-Verwitterungsböden also ebenfalls negative Bodenbeeinflussungen zur Foge haben. Für die in diesem Raum mit etwa gleichen Flächenanteilen vertretenen Lößparabraunerden und Fahlerden auf Lößderivaten setzen, stärker noch als auf den Lößplatten, die mögliche Intensivierung der Stauvernässung und der Erosionsgefährdung Warnzeichen. Zu große Mengen des Flüssigdüngers Gülle sind also in beiden Naturräumen wegen der möglichen — jeweils anders gearteten — Konsequenzen für den Boden zu vermeiden. Ebenso empfiehlt sich eine Kombination von Gülle- und Strohdüngung, die dem möglichen Humusabbau[1] und der Stickstoffauswaschung entgegen wirkt.

4. Offene Probleme — Ausblick

Die Frage der Güllebelastbarkeit der Böden ist insgesamt noch ungenügend geklärt. Obwohl bereits 1975 ein umfassendes Programm zur volkswirtschaftlich effektiven Gülleverwertung aufgestellt wurde (SPAAR, KORIATH in „Effektive Gülleverwertung", 1978), um die Forschungsrückstände gegenüber den Anforderungen der landwirtschaftlichen Praxis aufzuholen, fand der Einfluß der Gülledüngung auf Bodeneigenschaften kaum Berücksichtigung.

[1] Reproduktionskoeffizient für organische Substanz aus Gülle im Vergleich zu Stallmist: 0,6.

Während für den Schutz der Grund- und Oberflächengewässer standardisierte und den neuesten Erkenntnissen gemäß überarbeitete Normative vorliegen und auch die Bedeutung eines überhöhten Gülleaufwandes auf Menge und Qualität der Ernteprodukte in zahlreichen Mehrjahresversuchen ermittelt wurde (zuletzt bei Asmus, Görlitz, Klocke, 1982), fehlen entsprechende Grenzwertvorgaben, die Auskunft geben über die Gülleaufnahmefähigkeit der Böden unter Dauerbelastung und unter Berücksichtigung der wesentlichen beeinflußten Bodeneigenschaften. Die vorliegenden umfangreichen Ergebnisse der agrarwissenschaftlichen und bodenkundlichen Forschung zur Wirkung der Gülledüngung beziehen sich fast ausnahmslos auf Nährstoffangebot, Nährstoffwirkung und Ausbringungstechnik, aus denen Richtwerte und Normative für die Bemessung der Gülleaufwendung zu den verschiedenen Fruchtarten abgeleitet wurden. Vorgelegte Ergebnisse über die Beeinflussung physikalischer, chemischer und biologischer Bodeneigenschaften (Asmus u. a., 1981) und die aus der Praxis bekannten negativen Auswirkungen auf den Boden fanden bisher jedoch keine Berücksichtigung bei der Normenfestlegung der Güllebemessung.

Nach Fritzsche (1979) bestehen jedoch dringende Forderungen der landwirtschaftlichen Praxis „nach verwertbaren bodenphysikalischen Parametern", auch für die Gülleverwertung. Von allgemeinen qualitativen Einschätzungen abgesehen, fehlen „quantifizierte bodenphysikalische und bodenhydrologische Kennwerte, die verallgemeinerungsfähig sind. Das trifft besonders auf quantitative Angaben zur Durchlässigkeit und Porenraumstruktur der Böden zu" (Fritzsche a. a. O.). Diese Kennwerte sind von wesentlicher Bedeutung „für das Infiltrationsverhalten der Gülle und ihrer Aufbereitungssubstrate in Böden" (Kramer, Krüger u. a., 1978). Über erste Untersuchungen wurde dazu in der DDR erstmalig 1978 berichtet (Kramer, Krüger a. a. O.). Das zeigt den Nachholebedarf der Forschung auf diesem Gebiet gegenüber der Entwicklung industriemäßiger Verfahren der Tier- und Pflanzenproduktion. Dabei ist die sofortige Infiltration der Güllefüssigkeit entscheidend für die Ausnützung ihrer Nährstoffe, für die Nachlieferung organischer Substanz an den Boden und die Vermeidung von Umweltbelastungen. Ist die Infiltration mangelhaft, so kommt es — auch bei mobiler Ausbringung — zu Zusammenfluß der Gülle und Tümpelbildung, ungleichmäßiger Nährstoffversorgung innerhalb eines Schlages, Ertragsausfällen, Behinderung nachfolgender Arbeitsgänge, Strukturschäden des Bodens, Geruchsbelästigungen und NH_3-Belastung der Luft (Kunze Lindner, Schendel, 1975). Die für rasches und vollständiges Einsickern und Verwerten der Güllefüssigkeit förderlichen Bodeneigenschaften sind: Strukturstabilität, optimale Porenraumstruktur, optimale Infiltrationsrate bei hohem Wasserspeicherungsvermögen und gute Sorptionskraft des Bodens.

Diese notwendigen positiven Bodeneigenschaften werden jedoch durch die

Gülleausbringung selbst negativ beeinflußt: durch Fahrzeugdruck, Feststoffauflage und Porenverstopfung („Güllehaut"), durch den möglichen Angriff auf den Humusvorrat des Bodens und das Edaphon, insbesondere, wenn die aufgebrachte Flüssigkeitsmenge die Aufnahmefähigkeit übersteigt. Dieses Aufnahmevermögen ist jedoch — differenziert nach der Bodenstruktur — nicht konstant, sondern wird von aktuellen Bedingungen — Witterungsablauf, Bodenwassergehalt, Lagerungsdichte, Bodenbedeckung u. a. (WEISE u. a., 1981) — variiert.

Die Erfüllung der obengenannten Forderung nach quantifizierten, verallgemeinerungsfähigen bodenphysikalischen und bodenhydrologischen Kennwerten verlangt zunächst Klarheit darüber, welche bodenkonstanten Merkmale dafür verwendbar sind und wie stark diese unter verschiedenen aktuellen Bodenzuständen noch „durchschlagen", bzw. ganz oder teilweise von diesen übertönt werden. Die Aussagekraft bestimmter bodenkonstanter Merkmale wird außerdem bei den verschiedenen Bodenformen differieren.[1]

Bei sickerwasserbestimmten Böden werden es vor allem solche Merkmale sein, die insbesondere über Verdichtungsempfindlichkeit, Erosionsdisposition, und Sorptionskraft Aussagen ermöglichen und die Einschätzung der unterschiedlichen „Gülleeignung" der Böden, ihres auf Gülleverwertung bezogenen Entsorgungspotentials, besser als bisher gestatten.

Eine optimale Ausnützung der Güllenährstoffe für die Pflanzenproduktion — nicht allein unter vorherrschender Berücksichtigung des Gülle-N-Gehaltes sondern durch Einordnen in den Gesamtkomplex der natürlichen Bedingungen des Standortes — erfüllt zwei aktuelle, volkswirtschaftliche Anforderungen mit ökonomischem Gewicht:

- die Forderung nach besserer Standortanpassung der landwirtschaftlichen Produktion an die natürlichen Bedingungen durch standortgerechte Bodennutzung (vgl. THIERE, SCHMIDT u. a., 1982), die auch auf die organische Düngung anzuwenden ist, und
- die Forderung nach Ersetzung und damit Einsparung eines Teiles des Mineraldüngeraufwandes durch bessere Verwertung der Güllenährstoffe unter Ausschaltung von Nährstoffverlusten.

Damit werden zugleich die Forderungen nach Minimierung landeskultureller Beeinträchtigungen besser erfüllt werden, als es bisher vielerorts der Fall ist.

[1] Nach CLAUSSNITZER (1973) ist z. B. bei Lößschwarzerden und Lößstaugleyen die Trockenrohdichte der für die Wasserdurchlässigkeit entscheidende Parameter, da sie Maßzahl für die Grobporenausstattung ist. Bei lehmigen und Lehmböden ist dagegen die Beziehung zwischen Trockenrohdichte und Kf-Wert wesentlich lockerer.

Für dieses Eingliedern der Gülle in den landwirtschaftlichen Produktionsprozeß und den Naturhaushalt ist die ganze Vielfalt der natürlichen und landeskulturellen Ausstattung des beanspruchten Territoriums ihrer Bedeutung gemäß zu berücksichtigen (Tabelle 2).

Tabelle 2

Gesellschaftliche und natürliche Bedingungen für die schadarme Verwertung des Flüssigdüngers Gülle

Planungskriterien

Tierbestände des Territoriums: einstreulose und traditionelle Haltung,

Anfallmengen an Gülle und Güllestickstoff, Zusammensetzung und Aufbereitungsform der Gülle,
Produktionsabwasser und -behandlung,
Silosickerwasseranfall und sonstige N-haltige organische Abprodukte im Territorium.

Wahl neuer Stallstandorte nach Tierart, Größe, hydrologischen Gutachten, wasserwirtschaftlichen Genehmigungen, Lage zu Siedlungen;
nötig aber auch Berücksichtigung des Mesoreliefs der Stallumgebung zur Verhütung von Geruchsbelästigungen und Vorflutergefährdung.

Wasserversorgung der Stallanlagen aus Ressourcen des Territoriums oder Fernwasserversorgung, Gewährleistung auch für Trockenjahre ohne Beeinträchtigung der Ansprüche des Territoriums.

Güllelagerkapazität für die Berücksichtigung klimatischer, pflanzenbaulicher und standörtlicher Bedingungen.

Gülleverwertungsfläche, abhängig von Tierkonzentration und Gülleanfall, Nutzarten- und Anbauverhältnis, Ausbringungsverfahren, Güllesperrflächen; nötig aber auch Berücksichtigung der Perspektivplanung (Flächenumwidmungen), Beachtung von Dränflächen.

Landeskulturelle Austsattung

Siedlungs- und Verkehrsnetz mit Schutzabständen zu Ortsrändern gegen Geruchs- und Keimimmissionen und Tröpfchenabdrift.

Trinkwasserschutzzonen und Trinkwasservorbehaltsflächen.

Erholungsfunktion des Territoriums: landschaftsästhetische Beeinträchtigung durch Tierproduktionsanlagen (TPA), Pflanzenschäden durch NH_3-Emissionen und Geruchsbelastung.

Naturhaushalt

Klimastufe: bestimmend für Anbauverhältnis, erforderlichen Güllespeicherraum; aber auch Hydromorphie der Böden.

Mesorelief: beeinflussend bei Havarien in TPA, für Geruchsbeeinträchtigung von Siedlungen und NH_3-Schäden an Vegetation der Stallumgebung.

Tabelle 2

Hangneigungen und Feinrelief: bestimmend für Befahrbarkeitsgrenzen und Reduzierung der Ausbringungsfläche, aber auch für Gülleablaufbahnen, Erosionsschäden und Vorflutergefährdung.

Grundwasserstände: Kontaminationsgefahr mit NO_3-N, NH_4-N und Güllekeimen bei oberflächennahem Grundwasser.

Gewässerdichte: Vorflutergefährdung durch Gülle und Silosäfte bei TPA-Havarien und bei unsachgemäßer Ausbringung, aber auch durch diffusen Gülleeintrag von Ausbringungsflächen über ober- und unterirdischen Abfluß (Eutrophierung). Reduzierung der Ausbringungsfläche durch Abstandspflicht zu Gewässerrändern bei bestimmten Hangneigungen.

Boden: Gefährdung der für schadarme Gülleverwertung wesentlichen Parameter durch – bes. zu hohe – Begüllung: Bodenstruktur, Filterleistung, Verdichtungsempfindlichkeit, Erosionsdisposition, Sorptionskapazität;
Mögliche Steigerung der Vernässungsgefahr bei zu hoher Begüllung, u. U. bis zur Dränbedürftigkeit; Kontaminationsgefahr von Boden und Ernteprodukt (N und P); u. U. Schädigung der Bodenfauna.

Der Vergleich der bisher für die landschaftliche Planung und Praxis bedeutsamen Faktoren mit dem breitgefächerten Gesamtspektrum der beeinflussenden und beeinflußten Faktoren zeigt, daß die naturräumliche Differenzierung der Güllebelastbarkeit, insbesondere die Differenzierung der Bodenformen, aber auch des Reliefs und Klimas, noch zu wenig berücksichtigt werden. Ein großer Teil der negativen Folgewirkungen der Güllewirtschaft auf Naturhaushalt und landeskulturellen Zustand des Territoriums resultiert aus dieser Vernachlässigung.

Bei der notwendigen Berücksichtigung der in Frage kommenden mannigfachen Wechselbeziehungen kann die physisch-geographische Landschaftsforschung wirksame Unterstützung geben, indem sie

- Kenntnisse über die Wirkungszusammenhänge im geographischen Komplex und
- Kenntnisse über deren Umsetzung in der Individualität der jeweiligen Landschaft vermittelt.

Je nach der Intensitätsstufe der naturräumlichen Erkundung können dies Ableitungen sein, die für einen größeren, heterogenen Raum Gültigkeit haben (Mikrochorenebene) wie im vorliegenden Fallbeispiel oder auf komplexer Naturraumerkundung der topischen Basis beruhen. So gibt MANNSFELD (1982) für zu Nanochoren integrierte topische Bausteine gleicher naturräumlicher Qualität „Flächen gleicher Voraussetzung zur Gülleausbringung“, aus denen eine schlagbezogene Beurteilung ableitbar ist.

Eine stärkere Berücksichtigung der naturräumlichen Differenzierung in Verbindung mit einer optimalen Gestaltung der technisch-technologischen Voraussetzung (besonders Lagerkapazität und Ausbringungstechnik) und dem Vorhandensein ausreichender Verwertungsflächen, gestattet eine den Versorgungsbedürfnissen und dem Aufnahme- und Verwertungsvermögen der betreffenden Standorte angepaßte Gülleausbringung. Damit werden die zwei Funktionen der Gülle im landwirtschaftlichen Produktions- und Reproduktionsprozeß voll wirksam:

— die Nährstoffversorgung der Pflanzen und
— die Versorgung der Böden mit organischer Substanz zu sichern, um negative Humusbilanzen auszugleichen und eine erweiterte Reproduktion der organischen Substanz des Bodens zu erreichen, d. h. die Bodenfruchtbarkeit zu erhalten und nachhaltige Ertragssteigerungen zu gewährleisten.

Literatur

ASMUS, F.; GÖRLITZ, H.; KLOCKE, M.: Wirkung langjähriger hoher Güllegaben auf Pflanzen und Boden in Futterbaufruchtfolgen. In: Archiv Acker- und Pflanzenbau und Bodenkunde, 26 (1982) **11**, S. 725–732

ASMUS, F.; GÖRLITZ, H.; LANGE, H.; HERMANN, V.: Fortschrittsberichte für die Landwirtschaft und Nahrungsgüterwirtschaft, **19** (1981) 13

BREITSCHUH, G.; ALBRECHT, M.; SCHWARZ, K.: Analyse der Lagerrauminanspruchnahme und Methode zur Ermittlung des Güllelagerraumbedarfs. In: Feldwirtschaft **23** (1982) 5, S. 220–223

CLAUSSNITZER, J.: Zusammenhang zwischen der Wasserdurchlässigkeit und anderen Bodenparametern in Lößböden. In: Archiv Acker- und Pflanzenbau und Bodenkunde, **17** (1973) 3, S. 179–186

Effektive Gülleverwertung, Vorträge der zentralen Beratung der AdL der DDR am 16. 12. 1977 in Berlin, Berlin 1978 (Manuskr.)

FRITZSCHE, B.: Bodenhydrologische Kennwerte thüringischer Triasböden. In: Archiv Acker- und Pflanzenbau und Bodenkunde **23** (1979) 4, S. 223–230

KRAMER, D.; KRÜGER, W. u. a.: Einfluß der Aufbereitung von Gülle auf ihre Infiltration in Böden. In: Archiv Acker- und Pflanzenbau und Bodenkunde **22** (1978) 6, S. 335–342

KUNZE, A.; LINDNER H.; SCHENDEL: Empfehlung zum kurzfristigen Einarbeiten der Gülle mit Bodenbearbeitungsgeräten. In: Feldwirtschaft **16** (1975) 11, S. 501–503

MANNSFELD, K.: Die westlausitzer Landschaft als Forschungsgegenstand der Geographie. In: Veröff. d. Museums d. Westlausitz, Kamenz **6** (1982), S. 2–20

MOTZ, R.: Lösungswege zur Durchsetzung von Hygienenormen in der Güllewirtschaft. In: Monatshefte für Veterinärmedizin **27** (1972) 7, S. 253

NEEF, E.: Nebenwirkungen gesellschaftlicher Tätigkeiten im Naturraum. In: Petermanns Geogr. Mitteilungen **120** (1976) 2, S. 141–144

NEEF, E.: Analyse und Prognose von Nebenwirkungen gesellschaftlicher Aktivitäten im Naturraum. In: Abh. d. Sächs. Akademie d. Wissenschaften, Math-nat. Klasse, Bd. **54**, H. 1, Berlin 1979

NEEF, E.: Naturhauhalt und Gebietscharakter, 15 Jahre landschaftsökologischer Forschung durch die Sächsische Akademie der Wissenschaften. In: Geographische Berichte 1982, 1, S. 19–32

SPAAR, D.: Moderne Pflanzenproduktion – effektiv und umweltfreundlich. In: Wissenschaft und Fortschritt **31** (1981) 11, S. 418–422

THIERE, I.; SCHMIDT, R.; WIANGKE, T.: Schlagcharakterisierung – eine Grundlage der effektiven Bodennutzung. In: Feldwirtschaft **23** (1982) 9, S. 390–393

WEISE, K.; BÖHMER, B.-M.: Bodenphysikalische Parameter für den effektiven Gülleeinsatz in der Pflanzenproduktion. In: Feldwirtschaft **22** (1981) 1, S. 40–42

SCHRIFTEN VON ERNST NEEF

Überarbeitet und ergänzt unter Verwendung der Zusammenstellungen von 1968 (G. ERNST), 1979 (H.-M. CLOSS) und 1983 (G. ERNST) durch J. BIELER

1932

Die Landformung des Bregenzer Waldes. — Phil. Diss., Heidelberg 1932, (= Bad. geogr. Abh., H. 9, S. 1—135, Freiburg i. Br./Heidelberg 1933)

1934

Die Entstehung vorglazialer Hängetäler. Dargestellt an den Verhältnissen des Hinteren Bregenzer Waldes. — Geogr. Anz., 35, 1934, H. 4, S. 80—85

1935

Studien zur Landwirtschaftsgeographie von Sachsen. — Habil.-Schrift, Dresden 1935, (= Mitt. Ver. Erdk. Dresden, N. F., Jahrheft 1934/35, S. 1—110

Die neue englische Landnutzungskarte. — Geogr. Woch.-Schr., 3. Jg., 1935, S. 164—167

1936

Ein tschechischer Staatsatlas. — Z. Erdk., (N. F. d. Geogr. Woch.-Schr.), 4. Jg., 1936, 1. Halbband, S. 545—547

(mit M. Durach u. R. Vogel) HARMS Der Lebensraum der Obersachsen. Ein volksdeutscher Heimatatlas. — 40 Karten und 1 Textheft, Verlag List u. v. Bressendorf, Leipzig 1936

1937

Stand und Aufgaben der landeskundlichen Forschung in Sachsen. Sammelreferat. — Z. Erdk., 5. Jg., 1937, H. 9/10, S. 354—364

Der sächsisch-böhmische Grenzraum. — Z. Erdk., 5. Jg., 1937, H. 9/10, S. 391—408

1938

Der estländische Wirtschaftsraum. — Petermanns Geogr. Mitt., 84. Jg., 1938, H. 1, S. 15—25

(Mitarbeit) Meyers Lexikon. (Alle Artikel zu Deutschland, Europa, Asien). — 8. Aufl., Bd. 1—9, Leipzig 1936—1942

1943

Der Großgrundbesitz in Nordostdeutschland. — Ber. dt. Landesk., Bd. 3, 1943, H. 3/4, S. 275—284

1948

Das Standortsproblem. — Forsch. u. Fortschr., 24. Jg., 1948, H. 19/20, S. 241—245

1950

Das Problem der zentralen Orte. — Petermanns Geogr. Mitt., 94. Jg., 1950, H. 1, S. 6—17; auch in: Zentralitätsforschung, hrsg. v. P. Schöller. — Wege der Forschung, Bd. CCCI, S. 193—230, Darmstadt 1972

Landesplanung und geographische Forschung. — Ber. dt. Landesk., Bd. 7, 1949/1950, H. 2 (1950), S. 310—332

Der Volkswirtschaftsplan 1950. — Z. Erdk.-Unterr., 2. Jg., 1950, H. 2, S. 49—59

1951

Dresden im Wandel der Zeiten. — Geographische Studien, (= Festschrift Johann Sölch), S. 95—113, Wien 1951

1952

Das Kausalitätsproblem in der Entwicklung der Kulturlandschaft. — Wiss. Z. Karl-Marx-Univ. Leipzig, 1951/1952, H. 2, S. 81—91; auch: Arb. geogr. Inst. Univ. Leipzig, Nr. 1

Die zentralen Orte als Glied der Kulturlandschaft. — Verh. dt. Geogr. — Tages, (Frankfurt a. M. 1951), Bd. 28, S. 149—153; Diskussion, S. 310—311, Remagen 1952

Neue Auffassungen in der Klimatologie. — Z. Erdk.-Unterr., 4. Jg., 1952, H. 7/8, S. 212—223

1953

Geomorphologie. Fernstudium der Lehrer, hrsg. v. Deutschen Pädagogischen Zentralinstitut. — Geographie. 5./6. u. 7. Lehrbrief, Berlin o. J. (etwa 1953) u. weitere Auflagen, S. 243—312 u. 315—381

1954

Die Sowjetunion (Physische Geographie). Fernstudium der Lehrer, hrsg. v. Deutschen Pädagogischen Zentralinstitut. — Geographie., 19./20. Lehrbrief, Berlin 1954 u. weitere Auflagen. S. 1013—1075

(mit K. Herz u. H. Richter) Allgemeine Physische Erdkunde. Lehrbuch der

Erdkunde für das 9. Schuljahr. — Berlin 1954 u. weitere Auflagen, S. 1—240
(mit W. Reißmann) Bemerkungen zum Lehrbuch „Allgemeine Physische Erdkunde“ für das 9. Schuljahr. — Z. Erdk.-Unterr., 6. Jg., 1954, H. 6, S. 172—175
Die Geographische Gesellschaft in der Deutschen Demokratischen Republik. — Das Hochschulwesen, 2. Jg., 1954, H. 4, S. 26—27

1955

Hanggestaltung und flächenhafte Abtragung in kristallinen Mittelgebirgen. — Verh. dt. Geogr.-Tages, (Essen 1953), Bd. 29, S. 164—169; Diskussion, S. 277, Wiesbaden 1955
Die naturbedingten Landschaften der Deutschen Demokratischen Republik. Erläuterungen zu Nr. 190, 191, 205—207, 250—262, 283—289, — Petermanns Geogr. Mitt., Erg.-H. 257, S. 237—239, S. 248—251, S. 283—300, S. 309—318, Gotha 1955
Werden und Wesen eines Landschaftsbegriffs. Einige Bemerkungen zu U. Crämers Studie über das Allgäu. — Petermanns Geogr. Mitt., 99. Jg., 1955, H. 1, S. 24—26
Zur Genese des Formenbildes der Rumpfgebirge. — Petermanns Geogr. Mitt., 99. Jg., 1955, H. 3, S. 183—192
Blons im Großen Walsertal (Vorarlberg). — Mitt. Geogr. Ges. Wien, Bd. 97, 1955, H. II, S. 97—110

1956

Einige Grundfragen der Landschaftsforschung. — Wiss. Z. Karl-Marx-Univ. Leipzig, 5. Jg., 1955/1956, Math.-Nat. Reihe, H. 5, S. 531—541; auch: Arb. geogr. Inst. Univ. Leipzig, Nr. 3; auch in: Das Wesen der Landschaft, hrsg. v. K. Paffen. — Wege der Forschung, Bd. XXXIX, S. 113—141, Darmstadt 1973
(mit H. Barthel) Über einige Ergebnisse geographischer Forschung im mitteldeutschen Braunkohlengebiet. — Wiss. Z. Karl-Marx-Univ. Leipzig 1955/1956, Math.-Nat. Reihe, H. 5, S. 619—629; auch: Arb. geogr. Inst. Univ. Leipzig, Nr. 10
Zum 100. Jahrgang von Petermanns Geographischen Mitteilungen. — Petermanns Geogr. Mitt., 100. Jg., 1956, H. 1, S. 1—3
Qualifizierte Mittelschullehrerausbildung in drei Jahren unmöglich. — Das Hochschulwesen, 4. Jg., 1956, H. 4/5, S. 215—218
Geographie und Heimatforschung. — Z. Erdk.Unterr., 8. Jg., 1956, H. 10, S. 289—297
Die Erde, Klimazonen. Wandkarte 1 : 15000000, mit Erläuterungen. — Verlag Volk und Wissen, Berlin 1956
Morphologische Arbeitstagung der Geographischen Gesellschaft in der Deut-

schen Demokratischen Republik in Bad Freienwalde und Berlin. — Geogr. Ber., 1. Jg., 1956, H. 1, S. 65—81

Die axiomatischen Grundlagen der Geographie. — Geogr. Ber., 1. Jg., 1956, H. 2, S. 85—91; auch in: Zum Gegenstand und zur Methode der Geographie, hrsg. v. W. Storkebaum. — Wege der Forschung, Bd. LVIII, S. 277—288, Darmstadt 1967

Funktionsbild und Raumgefüge der Stadt Dresden im Wandel der Zeiten. — Geogr. Ber., 1. Jg., 1956, H. 3, S. 188—200

Neue Gedanken zur Entwicklung Dresdens im Mittelalter. — Geogr. Ber., 1. Jg., 1956, H. 3, S. 201—204

(Hrsg. u. Mitautor) Das Gesicht der Erde. Brockhaus-Taschenbuch der Physischen Geographie. Mit einem ABC. — 1. Aufl., Leipzig 1956, (dasselbe als poln. Ausgabe: KRAJE I MORZA POZAEUROEJSKIE. Geografia Fizyczna, Warszawa 1959); 2. verbesserte Aufl., Leipzig 1966; 3. verbesserte Aufl., 2 Bde., Leipzig 1970, (dasselbe: Taschenbuch der Physischen Geographie. Das Gesicht der Erde. Mit einem ABC. — Frankfurt/M. u. Zürich 1970); 4. durchgesehene u. ergänzte Aufl., Frankfurt/M. u. Zürich 1976; 5. Aufl., Leipzig 1980; 6. Aufl., Leipzig 1984

1957

Nordostbrasilien (Zu unserem Bildbericht). — Z. Erdk.-Unterr., 9. Jg., 1957, H. 2, S 61—64

Zum Inhalt der Politischen und Ökonomischen Geographie. Diskussionsbemerkungen zu H. Sanke „Über Inhalt, Stellung und Gliederung der Politischen und Ökonomischen Geographie“. — Geogr. Ber., 2. Jg., 1957, 4 (H. 1), S. 22—27

Referat: Nordostbrasilien. Bericht von der Exkursion Nr. 7 des XVIII .Internationalen Geographenkongresses 1956 in Rio de Janeiro. — Geogr. Ber., 2. Jg., 1957, 5 (H. 2), S. 109—122

(mit H. Carol) Zehn Grundsätze über Geographie und Landschaft. — Petermanns Geogr. Mitt., 101. Jg., 1957, H. 2, S. 97—98

(mit W. Horn) 31. Deutscher Geographentag Würzburg 1957. — Petermanns Geogr. Mitt., 101. Jg., 1957, H. 4, S. 273—274

II. Wissenschaftliche Konferenz der Wirtschaftsgeographen in der Tschechoslowakei. — Petermanns Geogr. Mitt., 101. Jg., 1957, H. 4, S. 274

Das Geographische Institut der Karl-Marx-Universität 1949—1956. — Wiss. Z. Karl-Marx.-Univ. Leipzig, 6. Jg., 1956/1957, Math.-Nat. Reihe, H. 3, S. 329—334; auch: Arb. geogr. Inst. Univ. Leipzig, Nr. 13

(mit E. Manns, A. Richter u. G. Schmidt) Geographie 8. Geomorphologie 2. Teil. — Lehrbriefe für das Fernstudium der Mittelstufenlehrer, hrsg. v. Deutschen Pädagogischen Zentralinstitut, Berlin 1957, S. 349—422

1958

Wirtschaftsgeographische Gliederung und ökonomische Rayonierung. Vortrag auf der II. Ökonomisch-geographischen Tagung der Tschechoslowakischen Akademie der Wissenschaften in Liblice, September 1957. — Przegl. geogr., T. 30, Warszawa 1958, Z. 1, S. 46—58

Das Museum für Länderkunde zu Leipzig. — Petermanns Geogr. Mitt., 102. Jg., 1958, H. 2, S. 100—103

Ostsee — Tagung der Geographischen Gesellschaft in der Deutschen Demokratischen Republik. — Petermanns Geogr. Mitt., 102. Jg., 1958, H. 3, S. 204

1959

Über die Veränderlichkeit unserer geographischen Umwelt. — Ber. Verh. Sächs. Akad. Wiss. Leipzig, Math.-Nat. Kl., Bd. 103, H. 4, S. 1—19, Berlin 1959

Handbuch der naturräumlichen Gliederung Deutschlands. Abschnitte: (41) Vogtland; (43) Sächsisch-Böhmisches Kreidesandsteingebiet; (44) Oberlausitz; (46) Sächsisches Hügelland einschließlich Leipziger Land. — 6. Lief., S. 648 bis 657, S. 670—677, S. 678—689, S. 700—721 Remagen 1959

Die Mathematisch-Naturwissenschaftliche Fakultät auf neuen Wegen. — Festschrift zur 550-Jahr-Feier der Karl-Marx-Universität, S. 101—106, Leipzig 1959

(mit W. Neef) Atlas der Volksrepublik China. — Petermanns Geogr. Mitt., 103. Jg., 1959, H. 3, S. 233

1960

Albrecht Penck und die Eiszeitforschung in Norddeutschland. — Wiss. Veröff. dt. Inst. Länderk., N. F., 17/18, 1960, S. 5—15

Die naturräumliche Gliederung Sachsens. — Sächs. Heimatbl., 6. Jg., 1960, S. 219—228, S. 274—286, S. 321—333, S. 409—422, S. 472—483, S. 565—579. Auch als gebundener Sonderdruck 1961, S. 1—80

Der Bodenwasserhaushalt als ökologischer Faktor. — Ber. dt. Landesk., Bd. 25, 1960, H. 2, S. 272—282

Elbsandsteingebirge. Ein geographischer Überblick. — Werte der deutschen Heimat, Veröffentlichungen der Kommission für Heimatforschung, Dt. Akad. Wiss. Berlin, Bd. 3 (Im Süden der Barbarine), S. 103—106, Berlin 1960

1961

(mit G. Schmidt u. M. Lauckner) Landschaftsökologische Untersuchungen an verschiedenen Physiotopen in Nordwestsachsen. — Abh. Sächs. Akad. Wiss., Math.-Nat. Kl., Bd. 47, H. 1, S. 1—112, Berlin 1961

Über die ökologische Varianz geographischer Komplexe (Vortragsbericht

v. Jan. 1958). — Jahrb. 1957—1959 Sächs. Akad. Wiss. Leipzig, S. 137, Berlin 1961

Heinrich Schmitthenner, 03. 05. 1887—18. 02. 1957. Nekrolog.-Jahrb. 1957 bis 1959 Sächs. Akad. Wiss. Leipzig, S. 335—337, Berlin 1961

Günther Köhler, 15. 11. 1901—11. 07. 1958. Nekrolog.-Jahrb. 1957 bis 1959 Sächs. Akad. Wiss. Leipzig, S. 355—356, Berlin 1961

Die Veränderlichkeit der zentralen Orte niederen Ranges. — Geogr. Ber., 6. Jg., 1961, 19 (H. 2), S. 119—122; auch: Proceedings of the IGU Symposium in Urban Geography, Lund Studies in Geography ser. B., No. 24, S. 227—233, Lund 1960

Landschaftsökologische Untersuchungen als Grundlage standortsgerechter Landnutzung. Vortrag auf der 101. Versammlung der Gesellschaft Deutscher Naturforscher und Ärzte in Hannover, September 1960. — Die Naturwissenschaften, 48. Jg., 1961, H. 9, S. 348—354

Einige Bemerkungen zur Gliederung des Pleistozäns. — Z. Geomorph., N. F., Bd. 5, 1961, H. 2, S. 138—140

Dresden und die Geographie. Zur 6. wissenschaftlichen Hauptversammlung der Geographischen Gesellschaft der DDR in Dresden vom 06.—11. Mai 1961. — Die Union (Tageszeitung, Ausg. Oberlausitz), 16. Jg., Nr. 105, 06. Mai 1961

Handbuch der naturräumlichen Gliederung Deutschlands. Abschnitte: (88) Elbe-Mulde-Tiefland; (mit D. Scholz) (880) Dahlen-Dübener-Heiden; (881) Elbe-Elster-Tiefland. — 8. Lief., S. 1198—1200, S. 1200—1203, S. 1203—1205, Bad Godesberg 1961

(mit H. Brunner) Einführung in die Geomorphologie. Lehrbriefe für das Fernstudium der Lehrer. Geographie 5/6, 3. Aufl., Berlin 1961

Alfred-Hettner-Gedenkschrift. — Petermanns Geogr. Mitt., 105. Jg., 1961, H. 3, S. 194

33. Deutscher Geographentag Köln 1961. — Petermanns Geogr. Mitt., 105. Jg., 1961, H. 3, S. 197—198

1962

Der Reichtum der Dresdner Landschaft. — Geogr. Ber., 7. Jg., 1962, 24 (H. 3), S. 259—269

Die Stellung der Landschaftsökologie in der Physischen Geographie. — Geogr. Ber., 7. Jg., 1962, 25 (H. 4), S. 349—356

1963

Elementaranalyse und Komplexanalyse in der Geographie. — Leopoldina, 8./9. Jg., 1962/1963, Reihe 3, S. 182—197, Halle 1963; auch in: Mitt. österr. geogr. Ges., Bd. 107, 1965, H. III, S. 177—189

Dimensionen geographischer Betrachtung. — Forsch. u. Fortschr., 37. Jg., 1963, Nr. 12, S. 361—363

Topologische und chorologische Arbeitsweisen in der Landschaftsforschung. — Petermanns Geogr. Mitt., 107. Jg., 1963, H. 4, S. 249—259

Die geographische Differenzierung des Elbsandsteingebirges. — Sächsische Schweiz. Berichte des Arbeitskreises zur Erforschung der Sächsischen Schweiz in der Geographischen Gesellschaft der DDR (Sektion Dresden), Sitz Heimatmuseum Stadt Wehlen, 1963, S. 14—25

Nebenzentren des Geschäftslebens im Großstadtraum (Dresden als Beispiel). — Mitt. österr. geogr. Ges., Bd. 105, 1963, H. III, S. 383—404 (= Festschrift Hans Bobek)

Geographie und Praxis. — Universitätszeitung (TU Dresden), 1963, 1. Januarnummer, S. 2

1964

Geographische Maßstabsbetrachtungen zur Wasserhaushaltsgleichung. — Abh. Sächs. Akad. Wiss. Leipzig, Math.-Nat. Kl., Bd. 48, H. 5, S. 1—19, Berlin 1964

Zur großmaßstäbigen landschaftsökologischen Forschung. — Petermanns Geogr. Mitt., 108. Jg., 1964, H. 1/2, S. 1—7

The scientific basis of regional geography. — 2oth International Geographical Congress, United Kingdom 1964, Abstracts of Papers No. 1359, S. 151—152, London 1964

1965

(Mitautor des Textes) Haack Hausatlas. Physische Geographie. — 1. Aufl., S. 15—16, S. 18—19, S. 26—64, Gotha/Leipzig 1965; 2. überarbeitete u. erweiterte Aufl., S. 5—7, S. 12—13, S. 20—31, S. 32—37, S. 38—58, Gotha/Leipzig 1968; 3. überarbeitete u. erweiterte Aufl., S. 7—8, S. 14—15, S. 22—33, S. 34—39, S. 40—60, Gotha/Leipzig 1973

Ein Beitrag der Physischen Geographie zu Fragen der Landnutzung. — Wiss. Z. techn. Univ. Dresden, 14. Jg., 1965, H. 1, S. 33—44; auch: Arb. Inst. Geogr. techn. Univ. Dresden, 1964

Geographische Interpretation der vorläufigen Karte der rezenten vertikalen Krustenbewegungen in der DDR. — Petermanns Geogr. Mitt. 109. Jg., 1965, H. 2, S. 158—160

Die Entwicklung der Landschaftsökologie in der DDR. — Exkursionsführer zum Symposium über Fragen der naturräumlichen Gliederung der Deutschen Akademie der Wissenschaften Berlin, Sektion Geographie, S. 5—10, Leipzig 1965

(Hrsg.) Bibliographie zur geographischen Landesforschung im sächsisch-thüringischen Raum. I. Bibliographische Hilfsmittel (bearb. v. E. Benedict).

— Abh. Sächs. Akad. Wiss. Leipzig, Math.-Nat. Kl., Bd. 48, H. 2, S. 1—158, Berlin 1965

Elementaranalyse und Komplexanalyse in der Geographie. — Mitt. österr. geogr. Ges., Bd. 107, 1965, H. III, S. 177—189; auch in: Leopoldina, 8./9. Jg., 1962/1963, Reihe 3, S. 182—197, Halle 1963

1966

Zur Frage des gebietswirtschaftlichen Potentials. — Forsch. u. Fortschr. 40. Jg., 1966, H. 3, S. 65—70; spanisch auch in: Economia, Ano V, Merida (Venezuela) 1968, No. 6, S. 219—235

Das Osterzgebirge (Geographischer Überblick). — Werte der deutschen Heimat, Veröffentlichungen der Kommission für Heimatforschung, Dt. Akad. Wiss. Berlin, Bd. 10 (Östliches Erzgebirge), S. 123—130, Berlin 1966

Geomorphologische Möglichkeiten zur Feststellung junger Erdkrustenbewegungen. — Geologie, 15. Jg., 1966, H. 1, S. 97—101

10 Jahre Kommission für Heimatforschung bei der Deutschen Akademie der Wissenschaften zu Berlin. Ansprache in Dresden. April 1966. — Spektrum, Mitt.-Bl. Mitarb. dt. Akad. Wiss. Berlin, 12. Jg., 1966, S. 318—319

Zum Regionalcharakter von Nordostbrasilien. — Wiss. Veröff. dt. Inst. Länderk., N. F., 23/24, S. 247—257, Leipzig 1966

Produktivkräfte und geographischer Faktor in der technischen Revolution. Diskussionsbeitrag anläßlich der wissenschaftlichen Konferenz zu Fragen der Technik und der technischen Wissenschaften aus philosophischer Sicht in Dresden, Februar 1966, — Wiss. Z. techn. Univ. Dresden, 15. Jg., 1966, H. 4, S. 843—844; auch: Wiss. Veröff. Inst. Marxismus-Leninismus u. Inst. Philosophie techn. Univ. Dresden, Gewi-Reihe Nr. 39, S. 843—844

Tagung der IGU-Kommission für Angewandte Geographie. — Petermanns Geogr. Mitt., 110. Jg., 1966, H. 2, S. 124

1967

Die theoretischen Grundlagen der Landschaftslehre. — S. 1—152, Gotha/Leipzig 1967; auch russisch: Teoretičeskie osnovy landšaftovedenija. — S. 1—219, Moskva 1974

Die axiomatischen Grundlagen der Geographie. — Zum Gegenstand und zur Methode der Geographie, hrsg. v. W. Storkebaum. — Wege der Forschung, Bd. LVIII, S. 227—288, Darmstadt 1967; auch in: Geogr. Ber., 1. Jg., 1956, H. 2, S. 85—91

Anwendung und Theorie in der Geographie. — Petermanns Geogr. Mitt., 111. Jg., 1967, H. 3, S. 200—206

Die technische Revolution und die Aufgaben der Physischen Geographie. —

Geographie und technische Revolution, hrsg. v. G. Mohs, S. 28–41, Gotha/Leipzig 1967

Entwicklung und Stand der landschaftsökologischen Forschung in der DDR. – Wiss. Abh. geogr. Ges. DDR, Bd. 5, 1967, S. 22–34; Schlußdiskussion, S. 290–299

Naturschutz in geographischer Sicht. – Archiv Naturschutz u. Landsch. – Forsch., Bd. 7, 1967, S. 315–322

Stellung und Aufgaben der beschreibenden Wissenschaften am Beispiel der Geographie. Vortragsbericht vom April 1965. – Jahrb. 1963–1965 Sächs. Akad. Wiss. Leipzig, S. 104, Berlin 1967

Aus dem Leben der Geographischen Institute der DDR: Das Institut für Geographie an der Technischen Universität Dresden. – Geogr. Ber., 12. Jg., 1967, 44 (H. 3), S. 240–243

1968

Die geographischen Wissenschaften heute und morgen. – Urania -Sammelband „Blick ins nächste Jahrzehnt", S. 203–214, Leipzig/Jena 1968

Der Physiotop als Zentralbegriff der komplexen Physischen Geographie. – Petermanns Geogr. Mitt., 112. Jg., 1968, H. 1, S. 15–23

Zu einigen Fragen der vergleichenden Landschaftsökologie. – Doklady Instituta Geografii Sibiri i Dal'nego Vostoka, 19, S. 44–53, Irkutsk 1968; auch in: Geogr. Z., 58. Jg., 1970, H. 3, S. 161–175

Die geosphärische Dimension in der regional-geographischen Arbeit. Jerzy Kondracki zum 60. Geburtstag. – Przegl. geogr., t., XL, z. 4, S. 733–746, Warszawa 1968

Über Geosysteme. Vortrag auf der Theoretischen Konferenz der Fachsektion Physische Geographie der Geographischen Gesellschaft der DDR in Dresden, Dezember 1967. – Manuskriptdruck, S. 3–16, Leipzig 1968

Sobre la cuestion del potential economico regional. – Economica, Ano V, Merida (Venezuela) 1968, No. 6.,,S. 219–235; auch in: Forsch. u. Fortschr., 40. Jg., 1966, H. 3, S. 65–70

Das Bodenwasser als Teil des Wasserkreislaufes. 14. Vortrag auf der Tagung Hydrometeorologie in Tharandt, September 1968. – Manuskriptdruck, Tharandt 1968

Monsune und Monsunländer Asiens. – Z. Erdk.-Unterr., 20. Jg., 1968, H. 11, S. 401–410

Das östliche Erzgebirge. – Sächs. Heimatbl., 14. Jg., 1968, H. 2, S. 145–147

1969

Der Stoffwechsel zwischen Gesellschaft und Natur als geographisches Problem. – Geogr. Rundsch. ,21. Jg., 1969, H. 12, S. 453–459; auch in: Izv. Akad. Nauk. SSSR, Ser. Geogr., S. 125–135, Moskva 1969

Vorbemerkungen von E. Neef zum Beitrag „Die Wissenschaft von der Biosphäre und ihrer Umgestaltung" von I. P. Gerasimov. — Petermanns Geogr. Mitt., 113. Jg., 1969, H. 1, S. 49

Erkenne die Welt. Über populärwissenschaftliche Zeitschriften. — Petermanns Geogr. Mitt., 113. Jg., 1969, H. 4, S. 274

Entscheidungsfragen der Geographie. — Petermanns Geogr. Mitt., 113. Jg., H. 4, S. 277—278

(Hrsg. u. Mitautor) Sozialistische Umweltgestaltung. Wissenschaftliche Konferenz der Fakultät für Bau-, Wasser- und Forstwesen des Wissenschaftsrates der Technischen Universität Dresden, Dezember 1969. Autor: Einführung, S. 24—26; Schlußwort, S. 83—85. — Univ.-Reden techn. Univ. Dresden, H. 22, Dresden 1969

Bedeutung der optimalen Flächennutzung. — Tagungsmaterialien Wiss. Konf. Fak. Bau-, Wasser-, Forstwesen „Sozialistische Umweltgestaltung" techn. Univ. Dresden, S. 1—4, Dresden 1969

1970

Vom Fachgebiet Geographie zum Erkenntnisbereich Geographie. — Petermanns Geogr. Mitt., 114. Jg., 1970, H. 2, S. 132—135

Geomorphologische Argumente für rezente Krustenbewegungen im Wesenitzgebiet. — Wiss. Z. techn. Univ. Dresden, 19. Jg., 1970, H. 1, S. 129—131

Die Karte der naturräumlichen Gliederung Nordsachsens 1 : 200000. — Wiss. Z. techn. Univ. Dresden, 19. Jg., 1970, H. 3, S. 783—787

Zu einigen Begriffen der Ökologie. — Archiv Natursch. u. Landsch. — Forsch., Bd. 10, 1970, H. 4, S. 233—240

Die Sicherung der Biosphäre und die Aufgabe der Geographie. — Leopoldina, 15. Jg., (1969), Reihe 3, S. 119—121, Halle 1970

Zu einigen Fragen der vergleichenden Landschaftsökologie. — Geogr. Z., 58. Jg., 1970, H. 3, S. 161—175; auch in: Doklady Instituta Geografii Sibiri i Dal'nego Vostoka, 19, S. 44—53, Irkutsk 1968

Die Anforderungen der territorialen Strukturforschungen an die Luftbildverfahren. — ISP-Symposium 1970 der Internationalen Gesellschaft für Photogrammetrie in Dresden. Kommission VII: Photointerpretation (1968—1972), S. 68—69

Großzügige Erforschung des Naturhaushaltes. Prof. Dr. E. Neef, TU Dresden, zu den wissenschaftlichen Experimenten der sowjetischen Kosmonauten Nikolajew und Sewastjanow. — Union (Tageszeitung, Dresdener Ausgabe), 16. 06. 1970

1971

Der Wasserhaushalt des Bodens, seine Besonderheiten und seine Funktion im Haushalt der Landschaft. — Urania-Schriftenreihe für den Referenten. Sektion Geowissenschaften. 1971, H. 9, S. 1—26

Zur Entwicklung der Profillinie „Sozialistische Umweltgestaltung". – Wiss. Z. techn. Univ. Dresden, 20. Jg., 1971, H. 1, S. 239–241

Über das Weiterwirken der Ideen Alexander von Humboldts in der Geographie. – Acta Historica Leopoldina, Nr. 6, S. 17–29, Leipzig 1971

Dry periods in the humid regions of the middle latitudes. – Unesco Seminar on Natural Hazards, Working Paper No. 13, Budapest 1971; auch in: Studies in Geography, 11, Man and Environment, S. 169–171, Budapest 1974

(mit J. Bieler) Zur Frage der landschaftsökologischen Übersichtskarte. Ein Beitrag zum Problem der Komplexkarte. – Petermanns Geogr. Mitt., 115. Jg., 1971, H. 1, S. 73–77

Das Landeskulturgesetz der Deutschen Demokratischen Republik. Theorie und Praxis, – Sächs. Heimatbl., 17. Jg., 1971, H. 3, S. 97–100

Zur Frage der ökonomischen Bewertung von Geosystemen. – Topology of Geosystems. International Symposium Irkutsk 1970, Institut für die Geographie Sibiriens und des Fernen Ostens, S. 16–20, Irkutsk 1971

Samečanija o nekotorych osnovnych ponjatijach fisičeskoi Geografij. – Metodika Landšaftnich Issledovanij, S. 82–87, Leningrad 1971

1972

Die Interferenzanalyse als Grundlage territorialer Entscheidungen. – Wiss. Abh. geogr. Ges. DDR, Bd. 9, 1972, S. 171–182

Geographie und Umweltwissenschaft. – Petermanns Geogr. Mitt., 116. Jg., 1972, H. 2, S. 81–88

Topologie der Geosysteme. – Petermanns Geogr. Mitt., 116. Jg., 1972, H. 2, S. 128–129

Forderungen der Praxis an die Naturräumliche Gliederung. Vortrag in Moravany (ČSSR), 1967. – Theoretische Probleme der physisch geographischen Raumgliederung, S. 125–130, Bratislava 1972

Some notes an mapping of environmental disturbances. – 22nd International Geographical Congress, Commission on Man and Environment, Working Paper No. 47, Calgary (USA) 1972; auch deutsch: Zur Kartierung von Umweltstörungen. – Geogr. Ber., 19. Jg., 1974, 70 (H. 1), S. 1–11

Das Problem der zentralen Orte. – Zentralitätsforschung, hrsg. v. P. Schöller. – Wege der Forschung, Bd. CCCI, S. 193–230, Darmstadt 1972; auch in: Petermanns Geogr. Mitt., 94. Jg., 1950, H. 1, S. 6–17

Funktionsüberlagerung im Territorium als Problem und als Aufgabe der Territorialforschung in der sozialistischen Gesellschaft. – Tagungsmaterialien und Thesen der wissenschaftlichen Tagung „Sozialistische Umweltgestaltung" der Technischen Universität Dresden, November 1972. Manuskriptdruck, 10 Seiten, Dresden 1972; auch in: Wiss. Z. techn. Univ. Dresden, 22. Jg., 1973, S. 706–708

1973

(Hrsg.) Sozialistische Umweltgestaltung. Probleme der planmäßigen proportionalen Entwicklung und Funktionsüberlagerung im Territorium. Schlußbericht. Wissenschaftliche Tagung der Technischen Universität Dresden, November 1972. — Wiss. Z. techn. Univ. Dresden, 22. Jg., 1973, S. 549—718

(Mitautor) Beiträge zur Klärung der Terminologie in der Landschaftsforschung. — Manuskriptdruck, 28 Seiten, Inst. Geogr. u. Geoökol. Akad. Wiss. DDR, Leipzig 1973

Einige Grundfragen der Landschaftsforschung. — Das Wesen der Landschaft, hrsg. v. K. Paffen. — Wege der Forschung, Bd. XXXIX, S. 113 —141, Darmstadt 1973; auch in: Wiss. Z. Karl-Marx-Univ. Leipzig, 5. Jg., 1955/1956, Math.-Nat. Reihe, H. 5, S. 531—541; auch: Arb. geogr. Inst. Univ. Leipzig, Nr. 3

1974

Mehrfachnutzung des Bodens. — Wiss. u. Fortschr., 24. Jg., 1974, H. 5, S. 208—213; auch in: Im Mittelpunkt der Mensch. Umweltgestaltung — Umweltschutz, hrsg. v. K. Lohs u. S. Döring, S. 233—245, Berlin 1975

Zur Kartierung von Umweltstörungen. — Geogr. Ber., 19. Jg., 1974, 70 (H. 1), S. 1—11; auch englisch: 22nd International Geographical Congress, Commission on Man and Environment, Working Paper No. 47, Calgary (USA) 1972

Entwicklungstendenzen der geowissenschaftlichen Forschung und der Themakartographie. — Arb. Vermessungs- u. Kartenwesen DDR, Bd. 31 (1973), S. 7—17, Leipzig 1974

Geographie und geologische Entwicklungsprobleme. Die Tätigkeit des Menschen und ihre Bedeutung für die geologische Evolution. — Z. geol. Wiss., 2. Jg., 1974, H 8, S. 919—926

Dry periods in the humid regions of the middle latitudes. — Studies in Geography, 11, Man and Environment, S. 169—171; auch: Unesco Seminar on Natural Hazards, Working Paper No. 13, Budapest 1971

Teoretičeskie osnovy landšaftovedenija. — S. 1—229, Moskva 1974; auch deutsch: Die theoretischen Grundlagen der Landschaftslehre. — S. 1—152, Gotha/Leipzig 1967

(mit G. Andreas u. E. Hartsch) Erholungsfunktion und Interferenzproblem in der Sächsischen Schweiz. — Wiss. Abh. geogr, Ges. DDR, Bd. 11, 1974, S. 23—35 (= Ber. Arb.-Krs. Sächsische Schweiz geogr. Ges. DDR, Bd. 4, 1975)

1975

Zu einigen aktuellen Fragen der Erforschung chorischer Strukturen. — Petermanns Geogr. Mitt., 119. Jg., 1975, H. 3, S. 166—172

Mehrfachnutzung des Bodens. — Im Mittelpunkt der Mensch. Umweltgestaltung — Umweltschutz, hrsg. v. K. Lohs u. S. Döring, S. 233—245, Berlin 1975; auch in: Wiss. u. Fortschr., 24. Jg., 1974, H. 5, S. 208—213

1976

Nebenwirkungen der gesellschaftlichen Tätigkeit im Naturraum. — Petermanns Geogr. Mitt., 120. Jg., 1976, H. 2, S. 141—144

Aspekte der Umweltforschung. — Jahrb. 1973—1974 Sächs. Akad. Wiss. Leipzig, S. 143—145, Berlin 1976

Dresden und Umgebung. — Sächs. Heimatbl., 22. Jg., 1976, H. 3, S. 96—108

Riesa und Umgebung. — Sächs. Heimatbl., 22. Jg., 1976, H. 3, S. 111—113

1977

Destruktive Geographie. Einige notwendige Bemerkungen zu G. Hard „Die Geographie". — Petermanns Geogr. Mitt., 121. Jg., 1977, H. 2, S. 138—140

A scheme of side-processes relevant for environmental development. — Geografia Polonica, 36, 1977, Z. 157—161

Zur Behandlung des Problemkreises „Mensch und Umwelt" in der Internationalen Geographischen Union. — Geogr. Ber., 22. Jg., 1977, 84 (H. 3), S. 233 bis 236

(Hrsg.) Brockhaus Handbuch „Sozialistische Landeskultur, — Umweltgestaltung — Umweltschutz". Mit einem ABC. — 604 Seiten, 1. Aufl., Leipzig 1977

Die Sächsische Akademie der Wissenschaften und der Umweltschutz. — Im Dienste produktiven Schaffens. Öffentliche Sitzung der Sächsischen Akademie der Wissenschaften aus Anlaß des 25. Jahrestages der DDR, S. 35—44, Berlin 1977

1978

Einige Bemerkungen über die Beziehungen zwischen Physischer Geographie und Bodenkunde. Dem Physiogeographen und Bodenkundler Julius Fink zum 60. Geburtstag gewidmet. — Beiträge zur Quartär- und Landschaftsforschung Festschrift für J. Fink, S. 403—411, Wien 1978

1979

(mit A. Bernhardt, K.-D. Jäger u. K. Mannsfeld) Analyse und Prognose von Nebenwirkungen gesellschaftlicher Aktivitäten im Naturraum. — Abh. Sächs. Akad. Wiss. Leipzig, Math.-Nat. Kl., Bd. 54, H. 1, S. 1—70, Berlin 1979

Erwiderung. — Festkolloquium für Ernst Neef. Veranstaltet am 27. April 1978 in der Universität Trier anläßlich der Verleihung der Goldenen Carl-Ritter-Medaille der Gesellschaft für Erdkunde zu Berlin an Professor Dr. Ernst Neef, hrsg. v. Ralph Jätzold; (= Trierer geogr. Stud., Sonderh. 3, 1979, S. 25—36

Ökologie, eine Grundform wissenschaftlichen Denkens. — Verh. Ges. Ökologie, Bd. VII, 1979, S. 11—15; (= 8. Jahrestagung, Münster 1978)

1980

Zur Problemgeschichte der Kulturlandschaft. — Festschrift für W. Rossow, S. 42—46, Stuttgart 1980
Ein Modell für landschaftsverändernde Prozesse. — Geogr. Rundsch., 32. Jg., 1980, H. 11, S. 474—477
Über Geographie in unserer Zeit. Ein Brief. — Acta Universitatis Carolinae, Geographica Supplementum (= Collected papers devoted to the celebration of the 85th birthday of professor Jaromir Korčak), Pag. 27—34, Praha 1980
Über Grenzen in physisch-geographischen Komplexen. — Geography and its Boundaries. Gedenkschrift zu Ehren von H. Boesch, S. 81—87, Bern 1980; (= Arb. geogr. Inst. Univ . Zürich, Ser. A, No. 460)
(Hrsg.) Dresden — alte Ansichten. — VEB Verlag der Kunst, Dresden 1980
Viktor Borisovič Sočava, 20. 05. 1905—29. 12. 1978. Nekrolog.-Jahrb. 1977 bis 1978 Sächs. Akad. Wiss. Leipzig, S. 262—266, Berlin 1980

1981

Der Verlust der Anschaulichkeit in der Geographie und das Problem der Kulturlandschaft. — Sitz.-Ber. Sächs. Akad. Wiss. Leipzig, Math.-Nat. Kl., Bd. 115, H. 6, S. 1—34, Berlin 1981

1982

Naturhaushalt und Gebietscharakter. 15 Jahre landschaftsökologische Forschung durch die Sächsische Akademie der Wissenschaften. — Geogr. Ber., 27. Jg., 1982, 102 (H. 1), S. 19—32
Stages in the development of landscape ecology. — Perspectives in landscape ecology. Contributions to research, planning and management of our environment. Theme I: Theoretical concepts, S. 19—27, Veldhoven (Niederlande) 1981, Pudoc Wageningen (Niederlande) 1982
Kulturlandschaft Redivivus. Kulturlandschaftsforschung — ein Hauptanliegen der Umweltproblematik. — Geogr. Z., Bd. 2, Beiträge zur Hochgebirgsforschung und zur Allgemeinen Geographie (Festschrift für H. Uhlig), S. 212—221, Wiesbaden 1982
Geographie — einmal anders gesehen. — Geogr. Z., 70. Jg., 1982, H. 4, S. 241—260
Arbeitsteilung als Ordnungsprinzip der geographischen Wissenschaft. — Petermanns Geogr. Mitt., 126. Jg., 1982, H. 2, S. 119—124
Julius Fink, 18. 04. 1918—02. 04. 1981. Nekrolog.-Jahrb. 1979—1980 Sächs. Akad. Wiss. Leipzig, S. 233—235, Berlin 1982

(mit H. Jordan) Zur Rangordnung von Umweltproblemen. — Jahrb. 1979 bis 1980 Sächs. Akad. Wiss. Leipzig, S. 49—54, Berlin 1982

1983

Zum Begriff der Komplementarität in der Geographie. — Abh. Sächs. Akad. Wiss. Leipzig, Math.-Nat. Kl., Bd. 55, H. 5 (Beiträge zur Komplementarität, hrsg. v. W. Buchheim), S. 46—48, Berlin 1983

Ernst Neef — Ausgewählte Schriften. — Petermanns Geogr. Mitt., Erg.-H. 283; hrsg. v. H. Barthel, S. 1—238, Gotha 1983

Die Landschaft als Integrationsebene gesellschaftlicher Raumgestaltung. — Geol. Mijnbouw (Niederlande) 62, 1983, H. 4, S. 531—434

1984

Der Ensemble-Charakter der Landschaft. — Wiss. Mitt. Inst. Geogr. u. Geoökol. Akad. Wiss. DDR, H. 11 (Arbeiten zur Landschaftsdynamik aus dem Bereich Physische Geographie), S. 155—160, Leipzig 1984; auch in: Wiss. Abh. geogr. Ges. DDR, Bd. 19, 1986

(mit A. Hahn) Dresden. — Werte unserer Heimat, Veröffentlichungen der Kommission für Heimatforschung, Dt. Akad. Wiss. Berlin, Bd. 42, 270 Seiten, 1. Aufl., Berlin 1984, 2. berichtigte Aufl., Berlin 1985

Applied landscape research. — Dedicated to the participants of The First International Seminar of The International Association for Landscape Ecology (IALE), Roskilde (Dänemark) 1984; auch in: Applied Geogr. a. Develop., Vol. 24, S. 38—58, Tübingen 1984

1985

Über den Begriff „Komplementarität" in der Geographie. — Petermanns Geogr. Mitt., 129. Jg., 1985, H. 2, S. 141—142

1986

Die Prinzipien der Regionalforschung. — Festschrift anläßlich des 150 Jahr-Jubiläums der Frankfurter Geographischen Gesellschaft (1836—1986), Frankfurt/Main 1986

Der Ensemble-Charakter der Landschaft. — Wiss. Abh. geogr. Ges. DDR, Bd. 19, 1986; auch in: Wiss. Mitt. Inst. Geogr. u. Geoökol. Akad. Wiss. DDR, H. 11 (Arbeiten zur Landschaftsdynamik aus dem Bereich Physische Geographie), S. 155—160, Leipzig 1984

SITZUNGSBERICHTE DER SÄCHSISCHEN AKADEMIE DER WISSENSCHAFTEN ZU LEIPZIG

MATHEMATISCH-NATURWISSENSCHAFTLICHE KLASSE

Band 111

Heft 1 Prof. Dr. WILHELM MAIER, Vom Erbe Bernhard Riemanns 1975. 16 Seiten – 8° – M 2,50

Heft 2 Prof. Dr. med. HANS DRISCHEL, Organismus und geophysikalische Umwelt 1975. 50 Seiten – 25 Abbildungen – 1 Tabelle – 8° – M 7,–

Heft 3 Prof. Dr. MARIA HASSE, Zum Begriff des allgemeinen Produkts von Kategorien 1975. 32 Seiten – 8° – M 5,–

Heft 4 Prof. Dr.-Ing. Dr. h. c. KURT SCHWABE, Analytische Probleme des Umweltschutzes 1975. 28 Seiten – 9 Abbildungen – 2 Tabellen – 8° – M 3,50

Heft 5 Prof. Dr. WOLFGANG BUCHHEIM, Die kopernikanische Wende und die Gravitation 1975. 36 Seiten – 2 Farbtafeln – 8° – M 5,–

Heft 6 Prof. Dr HERMANN BERG, Photopolarigraphie und Photodynamic 1975. 19 Seiten – 2 Abbildungen – 2 Tabellen – 8° – M 3,–

Heft 7 Prof. Dr MANFRED GERSCH, Probleme der Insektizide aus heutiger Sicht 1976. 36 Seiten – 9 Abbildungen – 2 Tabellen – 8° – M 4,–

Band 112

Heft 1 Prof. Dr. WALTER BREDNOW, Spiegel, Doppelspiegel und Spiegelungen – eine „wunderliche Symbolik" Goethes 1975. 28 Seiten – 4 Abbildungen – 8° – M 3,–

Heft 2 Prof. Dr. ARTUR LÖSCHE, Über negative absolute Temperaturen. Eine Einführung 1976. 26 Seiten – 12 Abbildungen – 8° – M 4,–

Heft 3 Prof. Dr. med. HERBERT JORDAN, Kurorttherapie: Prinzip und Probleme 1976. 31 Seiten – 10 Abbildungen – 1 Tabelle – 8° – M 4,50

Heft 4 Prof. Dr. FRIEDRICH WOLF / Dr. PETER FRÖHLICH, Zur Druckabhängigkeit von Ionenaustauschreaktionen 1977. 13 Seiten – 6 Abbildungen – 1 Tabelle – 8° – M 2,–

Heft 5 Prof. Dr. DIETRICH UHLMANN, Möglichkeiten und Grenzen einer Regenerierung geschädigter Ökosysteme 1977. 50 Seiten – 20 Abbildungen – 2 Tabellen – 8° – M 6,50

Heft 6 Prof. Dr. ERICH RAMMLER, Zwei Jahrzehnte Entwicklung des Einsatzes der Energieträger Kohle und Erdöl im Weltmaßstab 1977. 29 Seiten – 6 Abbildungen – 4 Tabellen – 8° – M 4,–

Heft 7 Prof. Dr ULRICH FREIMUTH, Umweltprobleme in der Ernährung 1977. 32 Seiten – 3 Abbildungen – 4 Tabellen – 8° – M 4,–

Band 113

Heft 1 Prof. Dr. ERICH LANGE, Allgemeingültige Veranschaulichung des II. Hauptsatzes 1978. 22 Seiten – 10 grafische Darstellungen – 8° – M 4,–

Heft 2 Prof. Dr. HERBERT BECKERT, Bemerkungen zur Theorie der Stabilität 1977. 19 Seiten – 8° – M 2,50

Heft 3 Prof. Dr. sc. KLAUS DÖRTER, Probleme und Erfahrungen bei der Entwicklung einer intensiven landwirtschaftlichen Produktion im Landschaftsschutzgebiet des Harzes 1978. 20 Seiten – 6 Abbildungen, davon 4 farbige auf 2 Tafeln – 2 Tabellen – 8° – M 7,–

Heft 4 Prof. Dr. sc. med. HANS DRISCHEL, Elektromagnetische Felder und Lebewesen 1978. 31 Seiten – 14 Abbildungen – 2 Tabellen – 8° – M 5,–

Heft 5 Prof. Dr. MANFRED GERSCH, Wachstum und Wachstumsregulatoren der Krebse. Biologische Erkenntnisse und generelle Erwägungen 1979. 32 Seiten – 13 Abbildungen – 1 Tabelle – 8° – M 6,–

Heft 6 Prof. Dr. rer nat. FRIEDRICH WOLF / Dr rer nat. URSULA KOCH. Über den Einfluß der chemischen Struktur von Dispersionsfarbstoffen auf deren Dispersionsstabilität
1979. 18 Seiten – 3 Abbildungen – 10 Tabellen – 8° – M 3,50

Heft 7 Prof. Dr. rer nat. FRIEDRICH WOLF / Dr. rer. nat. WOLFGANG HEYER, Zur Sorption an Tetracalcium-aluminathydroxysalzen 1980. 12 Seiten – 5 Abbildungen – 4 Tabellen – 8° – M 2,–

Band 114

Heft 1 Prof. Dr. HASSO ESSBACH, Morphologisches zur orthologischen und pathologischen Differenzierung und zum Anpassungs- und Abwehrvermögen der menschlichen Placenta
1980. 19 Seiten – 12 Abbildungen – 8° – M 4,–

Heft 2 Prof. Dr med. WERNER RIES, Risikofaktoren des Alterns aus klinischer Sicht
1980. 19 Seiten – 9 Abbildungen, davon 1 Abbildung auf Tafel – 8° – M 4,–

Heft 3 Prof. Dr. OTT-HEINRICH KELLER, Anschaulichkeit und Eleganz beim Alexanderschen Dualitätssatz
1980. 19 Seiten – 8° – M 4,–

Heft 4 Prof. Dr rer nat. BENNO PARTHIER, Die cytologische Symbiose am Beispiel der Biogenese von Zellorganellen 1981. 29 Seiten – 16 Abbildungen – 2 Tabellen – 8° – M 6,–

Heft 5 Prof. Dr F. WOLF / Dr S. ECKERT / Dr. M. WEISE / Dr. S. LINDAU, Untersuchungen zur Synthese und Anwendung bipolarer Ionenaustauschharze 1980. 12 Seiten – 6 Tabellen – 8° – M 2,–

Heft 6 Prof. Dr med. HERBERT JORDAN, Balneobioklimatologie – Eine Zielstellung im Mensch-Umwelt-Konzept 1981. 25 Seiten – 8 Abbildungen – 1 Tabelle – 8° – M 4,–

Band 115

Heft 1 Prof. Dr. rer nat. HERMANN BERG, Wilhelm Ostwald – Erkenntnisse über die Biosphäre
1981. 36 Seiten – 7 Abbildungen – 3 Tabellen – 8° – M 6,–

Heft 2 Prof. Dr. sc. KLAUS DÖRTER, Aphorismen zur Qualität des Bewässerungswassers
1981. 31 Seiten – 11 Abbildungen – 11 Tabellen – 8° – M 6,–

Heft 3 Prof. Dr -Ing. Dr rer nat. h. c. PAUL GÖRLICH, Die geschichtliche Entwicklung des wissenschaftlichen Gerätebaus und seine zukünftige Bedeutung 1981. 36 Seiten – 8° – M 6,–

Heft 4 Prof. Dr. WOLFGANG BUCHHEIM, Albert Einstein als Wegbereiter nachklassischer Physik
1981. 29 Seiten – 8° – M 4,–

Heft 5 Prof. Dr -Ing. HERBERT KRUG, Die Technologie der Brikettierung von Weichbraunkohle im Lichte der Verfahrenstechnik und der besseren Nutzung dieses Energieträgers
1982. 20 Seiten – 13 Abbildungen – 8° – M 3,–

Heft 6 Prof. Dr ERNST NEEF, Der Verlust der Anschaulichkeit in der Geographie und das Problem der Kulturlandschaft 1981 34 Seiten – 8° – M 5,–

Band 116

Heft 1 Prof. Dr WERNER RIES, Studien zum biologischen Alter
1982. 27 Seiten – 10 Abbildungen – 8° – M 4,–

Heft 2 Prof. Dr. RUDOLF SACHSENWEGER, Augenunabhängige optosensorische Wahrnehmungsformen
1983. 19 Seiten – 8° – M 4,–

Heft 3 Prof. Dr HANS-GEORG SCHÖPF, Die Griechen und die Natur 1983. 62 Seiten – 8° – M 8,–

Heft 4 Prof. Dr.-Ing. JÁN BENETIN, Mathematisches Modell für das Wachstum von landwirtschaftlichen Kulturen und seine Verwertung in der quantitativen Beurteilung des Bewässerungseffektes auf die Steigerung der Ernteerträge 1983. 36 Seiten – 18 Abbildungen – 3 Tabellen – 8° – M 6,–

Heft 5 Prof. Dr. HANS DRISCHEL †, Neues über die Pupille
1983. 30 Seiten – 26 Abbildungen – 8° – M 4,–

Heft 6 Prof. Dr BENNO PARTHIER, Der Beitrag der Molekularbiologie zur Evolutionserkenntnis
1983. 41 Seiten – 19 Abbildungen – 2 Tabellen – 8° – M 6,–

Heft 7 Prof. Dr ADOLF WATZNAUER, Die Rolle des Radons (Isotop ^{222}Rn) als Umweltfaktor – eine Übersicht
1983. 34 Seiten – 3 Abbildungen – 4 Tabellen – M 5,–

FSC
www.fsc.org
MIX
Papier | Fördert gute Waldnutzung
FSC® C083411

Zeitfracht Medien GmbH
Ferdinand-Jühlke-Straße 7
99095 Erfurt, Deutschland
produktsicherheit@kolibri360.de